国际大洋发现计划
IODP-CHINA

U0222459

同舟共济南海梦

中国大洋钻探科学家手记

IODP

中国大洋发现计划办公室 编

上海科技教育出版社

图书在版编目（CIP）数据

同舟共济南海梦：中国大洋钻探科学家手记 / 中国大洋发现计划办公室编．—上海：上海科技教育出版社，2019.8（2022.6 重印）

ISBN 978-7-5428-7027-8

Ⅰ．①同… Ⅱ．①中… Ⅲ．①深海钻探 Ⅳ．①P756.5

中国版本图书馆 CIP 数据核字（2019）第 129644 号

责任编辑 程 着 侯慧菊
封面设计 杨 静

同舟共济南海梦——中国大洋钻探科学家手记
中国大洋发现计划办公室 编

出版发行 上海科技教育出版社有限公司
（上海市闵行区号景路 159 弄 A 座 8 楼 邮政编码 201101）
网　　址 www.sste.com www.ewen.co
经　　销 各地新华书店
印　　刷 天津旭丰源印刷有限公司
开　　本 787×1092 1/16
印　　张 8.5
版　　次 2019 年 8 月第 1 版
印　　次 2022 年 6 月第 2 次印刷
书　　号 ISBN978-7-5428-7027-8/N·1063
定　　价 68.00 元

同舟共济南海梦

序言

IODP

和十多年前不同，深海探索在中国已经从冷门变成了热点。每逢重大航次，媒体都会争相报道，甚至视频转播。然而局外人通常只有“看热闹”的份，很难触及科学家探索生涯的深处，分享到船舱里的喜怒哀乐。

现在你打开的这本小册子，却提供了一个机会：15位中国科学家的31篇海上手记，向你吐露着探索者的心声。2014到2017年，国际大洋发现计划用美国“决心号”钻探船，在南海执行了三个航次，每次两个月，专门探索南海形成的历史。在三四千米深海底下12个站位打井，穿过上千米的岩层取上基底岩浆岩。取得的结果推翻了传统认知，发现了改写南海历史的地质依据。

这里发表的31篇手记，就是这些科学家们给你的汇报。他们尽量用你看得懂的语言，介绍船舱实验室里夜以继日的工作，介绍海底深处取上岩芯带来的惊喜。科学家们采到了2000万年前海底张裂形成的玄武岩，发现了几百万年来深海底里的浊流沉积。你可以想象他们屏住呼吸等待结果时的心情，仿佛听到了古代火山爆发的隆隆巨响，看到了当年深海泥沙的滚滚浊流。

大洋钻探船是深海探索的航空母舰，每个航次都像是一次深海科学的国际奥林匹克盛会。从甲板到实验室，来自不同国家不同专业的科学家，日夜聚首同舟共济，相互切磋着科学问题。正是这所功能特殊的海上研究院，半个世纪来引领着地球科学革命的国际航程。从本书的这些科学家手记里，你可以分享到科学探索的乐趣。

像这样科学探索的社会分享，具有深远的社会意义。科学本来就是人类格物穷理、追求真知的产物。从事研究不仅是因为科学有用，更是因为科学有趣。我们尤其欢迎青少年读者参与进来，因为科技人才的培养，就要在孩提时代为其点燃起求知的热情，使其感受到科学的神奇。

而这正是科学家的责任，尤其是海洋科学家的责任。因为深海是人类在地球上了解最少的区域，深海底下更是一片未知世界。人类要“上天、入地、下海”，但是入地远比上天难。大洋钻探则是下了海再入地，难上加难。知难而进，就是探索的价值所在。

最后，让我们向这本书的作者们致敬，感谢他们在海上不但捕获了深海的奥秘，而且带回了精神粮食的精品。同时，我们也不要忘记感谢中国大洋发现计划办公室为本书出版所付出的劳动。让我们和读者一起，祝愿他们在探索海洋的科学航程里，再接再厉，破浪前进！

2019年7月9日

目录

IODP

第一部分

IODP349 航次

2014 年 1 月 26 日—3 月 30 日

2月9日
动荡的南海深部（一）

刘志飞　同济大学海洋与地球科学学院教授，从事海洋沉积学、古海洋与古环境研究。

刘志飞与浊流沉积岩芯

南海深海盆的水深有4000多米，最深处达到5559米，其海底环境一般被认为是比较安静的，尤其是在深海盆中部的平原区域。由于这里远离陆地，周围大河携带的沉积物质很难远距离输运至此，因而这里被认为多是泥质沉积物等很细的物质。计算机模拟数据显示南海深海盆的海流速度最多不超过1 cm/s，比南海的表层海流速度低一个数量级以上。以前的科学考察曾在南海深海盆获得过海底近表层的沉积物，发现主要是泥质沉积，偶有沙质并夹有少量火山灰物质，但对海底以下的沉积地层还从来没有实际探测过。通过地球物理手段探测，发现整个南海深海盆的沉积层厚度可达上千米。

2014年1月29日，搭载全球30多名海洋科学家的“决心号”科考船驶离香港，执行国际大洋发现计划（IODP）的349航次。这个航次的科学目标是钻取南海基底玄武岩，以研究南海扩张演变的构造历史及其沉积和环境演变历程。钻探的第一个站位（编号U1431）就定在南海深海盆的中央位置，位于黄岩岛以西约85千米处，水深4250米。这个站位的钻探目标是同时获得南海扩张晚期的玄武岩样品及其上覆盖的近千米厚的沉积地层，从而向世人展示南海成型之后海底深部的环境变迁。在第一周的钻探后，我们发现，实际上这里的深海在过去非常动荡，远超出科学家们的想象。

正当全球华人迎接马年（2014年）春节的农历大年初一（1月31日），“决心号”抵达预定站位并开始了第一个站位的钻探。农历大年初二（2月1日）凌晨成功取上第

• 知识小贴士

沉积旋回：指沉积作用和沉积条件按相同的次序不断重复而形成的一个层序。沉积旋回规模较大，并常表现为岩性岩相的交替变化。

沉积旋回◎

一根近10米长的岩芯。当岩芯被切开时，船上科学家被其中频繁变化的沉积物类型所吸引，发现每十几或几十厘米厚就有粉沙和黏土物质组成的**沉积旋回**，每个旋回沉积物的颗粒粒度向上变细，旋回层的底部通常发生粒度突变。这告诉我们，这里的海底曾经频繁发生过大规模的物质搬运和沉积作用，这种事件我们称为浊流。虽然南海深海的浊流活动还没有直接观测记录，但科学家通过对美国蒙特利海底峡谷观测发现，浊流的流速可达190 cm/s以上，如同海洋里发生的飓风，被喻为“海底风暴”。接下来两天的钻探中，我们发现这里的沉积地层都是这样，这种频繁的浊积层旋回一直持续到海底之下100多米，船上微体古生物学家通过现场鉴定告诉我们，这种浊流活动从200多万年以前就已经开始了。

那时的南海深部为何如此动荡？浊流输运的巨量沉积物质来自何方？作为本航次考察的沉积学家，我首先要考虑这两个科学问题。

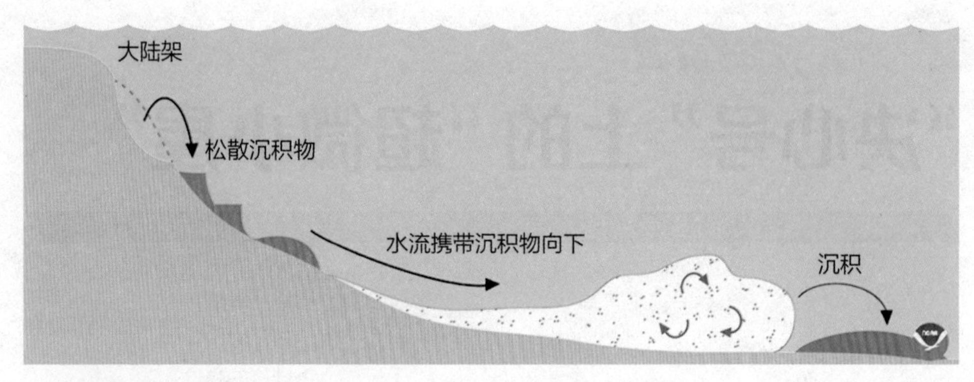

浊流过程示意图Ⓟ

这个站位虽然位于南海深海盆中央位置的平原地区，但附近海山林立，周围发育有南海扩张后形成的海山群，从海底平原起算有三四千米之高。黄岩岛就是其中出露于海面的海山之一，而更多的海山都被淹没在海面之下不为人们所知。

海山地形陡峭，极易发生滑坡等重力流搬运作用，浊流就是重力流中的一种。然而，我在船上实验室用显微镜观察后分析发现，这些浊流沉积物中含有一定量石英、长石等矿物，表明它们可能是来源于中性岩或中酸性岩区，而南海海山据称都为基性岩。因此，这些沉积物更多可能来源于南海周围陆地。如果真是这样，南海动荡的不仅仅是中央海区，可能是南海大部分深海区域。

在这个站位接下来4天多钻探的500多米地层中，浊积层仍然频繁出现，仅仅是规模逐渐变小。然而，从海底以下400多米开始，在距今大致三四百万年以前的地层里，钻探获取了大量松散的沙质沉积物。这种沙质沉积物的成分稳定，颗粒大小分布均匀，有时在沙层中穿插有粉沙质向泥质变化的浊积层。我认为这种散沙是往复运动的深水动荡环境的产物，这种动荡环境有别于浊流事件。前者是“海底风暴”，事件暴发时可以横扫海底区域，形成沙泥交互沉积的浊积层；而后者是深部海水持续地往复运动，将海底沉积物淘洗得很干净，仅保留颗粒均匀的沙质沉积物。

钻探为研究南海深海动荡环境提供线索，给我们船上科学家带来太多的遐想。我们想象南海深海几百万年以来的沧桑演变历程，探索“沉睡”在数千米水深之下的深海海底和海底平原上竖立的巨型海山。出露在海面之上的黄岩岛，似乎在启发着我们不断地探索和思考。今天，揭开南海历史“面纱”的大洋钻探航次终于来了。

2月10日
“决心号”上的“超微小屋”

刘传联　同济大学海洋与地球科学学院教授，从事钙质超微化石与古海洋研究。

在“决心号”科考船古生物实验室的尽头，用黑色的帘布隔开了一间小屋，这是超微化石组工作的地方，被大家形象地称为“超微小屋”。

我上的是夜班（午夜12点到第二天中午12点）。夜深人静的时候，置身于茫茫大海上，双眼凝视在1000多倍的显微镜视域内，看到的是仅仅几微米大小的化石——恰如夜空中闪烁的点点繁星，我忘却了时间和地点，心里格外平静。

刘传联在超微小屋

“超微化石”全称是“钙质超微化石”，是一种由单细胞的海洋超微浮游植物产生的化石。这种化石在海洋沉积物中分布广、数量大、演化快，因此是确定沉积物形成年代的极佳手段之一。它兼具“小、快、灵”的特点：“小”是指其个体仅有几微米；“快”是指能在获得样品的第一时间迅速处理观察得出样品的年龄；“灵”是指其具有较高分辨率的生物演化界面，得出的年龄较为准确。所以，在历次大洋钻探航次中，超微化石分析都是不可或缺的工作之一。

南海IODP349航次超微化石地层定年工作一开始并不顺利，简直有点被打晕的感觉。农历大年初一的午夜刚过，当第一个站位第一筒岩芯上来的时候，船上的所有科学家及技术人员都激动万分，这是献给新年的礼物！化石如何？年龄如何？我们快速采集样品、快速制成薄片、快速拿到显微镜下观察，结果却是费尽力气几乎浏览完所有的视域才找到一个保存得不好的超微化石。这是多么令人失望！但这又是多么正常！

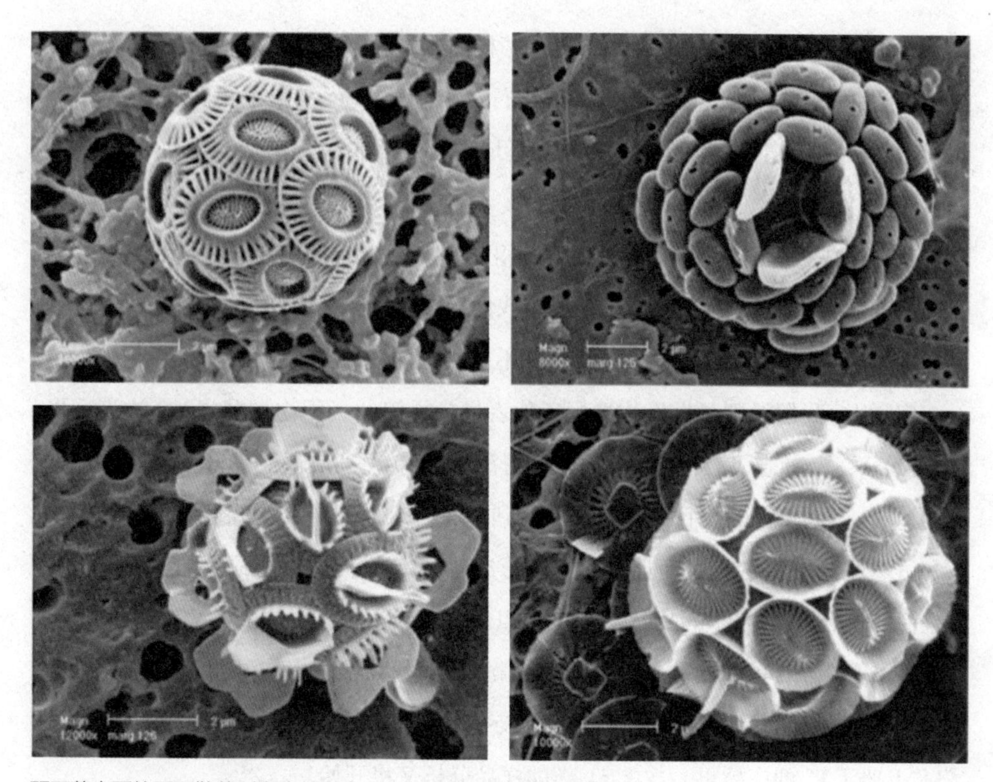

颗石藻表面的颗石散落到海底保存为化石，就是钙质超微化石◎

超微化石的成分是碳酸钙，碳酸钙只有在碳酸盐饱和状态下才能保存下来，如果不饱和将会溶解消失。在海洋中存在这样一个深度，叫**碳酸盐补偿深度**(简称CCD)。当海水深度超过CCD时，海水碳酸盐处于不饱和状态，此时，水中的钙质化石将会发生溶解。这样，在海底沉积物中将不会有钙质化石存在或者只剩下一些残留个体。南海的CCD大约在海水深度3500米左右，而我们所钻探的第一孔的海水深度是4250米，所以在岩芯顶部样品中未发现大量超微化石也就不足为奇了！

• 知识小贴士

碳酸盐补偿深度：碳酸盐补偿深度(carbonate compensation depth, CCD)是指海洋中碳酸钙(生物钙质壳体的主要组分)输入海底的补给速率与溶解速率相等的深度面，也称碳酸钙补偿深度。

故事还在继续。接下来的第二筒岩芯样品中竟然连一个超微化石也没有发现。过了大约一个小时，第三筒样品出水。我们同样迅速分析，结果令我们震惊了！超微化石数量极为丰富！震惊之余，我们认真地进行化石属种的鉴定，结果再一次出乎意料！

化石组成极其混乱，不同年代的新老化石混在一起。既有40多万年前的超微化石，又有200多万年前的超微化石。难道我们一下就钻到了200万年前的沉积物？这可是国际合作的科研计划，国际玩笑是开不得的。

实际上，我们遇到了古生物地层工作者最为忌讳的沉积物类型之一：浊流沉积。关于浊流沉积，刘志飞教授在《动荡的南海深部（一）》一文中已有介绍。浊流可以把不同地区、不同年代的化石搬运过来沉积到海底，因此化石组成的混乱也就能够理解了。虽然浊流沉积给我们确定沉积物的形成年龄带来了极大的困难，但对于沉积学家来说却是令人激动的事情，因为他们可以借此探讨沉积物形成的动力和过程。

这就是南海349航次前期发生在"超微小屋"的一些故事，这样的故事还会持续下去，因为对于两个多月的航次，这还仅仅是开始！窗外已微露曙光，"Core on deck（岩芯上船了）"的广播再一次响起，新的样品分析又将开始！

2月11日

探究深海生物化石编年（一）

李前裕　同济大学海洋与地球科学学院教授，从事古海洋学及有孔虫演化等研究。

李前裕使用显微镜观察微体化石◎

2014年1月29日下午1点30分，载着31位科学家的深海钻探巨轮“决心号”驶离繁华的香港，开始国际大洋发现计划的首航之旅。大家齐聚在甲板上，欣赏沿岸的风光，心情无比激动。既告别两个月后才能再次漫步的陆地，也向远方的亲朋送上启程的信息，满怀豪情奔向南海深水海域。

国际大洋发现计划349航次的科学目标是钻穿南海海盆水深4000米以下的沉积层，获取基底玄武岩，还原南海生成演变的地质历史。地震探测早就告诉我们，南海深水海盆的沉积层通常有几百米，最厚1000多米，其中藏有南海发育历史完整的记录。不过这些沉积记录以前从来没有被钻取过，349航次正在这方面创造第一。

对钻取到的深海岩芯，沉积学家分析沉积层特征和沉积物组分，用于研究沉积环境变迁的历史。微体古生物学家分析沉积物中的微体化石，给这些沉积层定年，告诉大家哪段地层是哪个地质年代的沉积。349航次共有7位古生物学家，分属3个微体化石门类：钙质壳体的有孔虫和超微化石、硅质壳体的**放射虫**。这是一支占全体科学家人数近四分之一的队伍，可见船上古生物工作的重要性。这3个门类的微生物有共同特点：个体小（几至几百微米）、浮游生活、数量多、演化快、可以进行全球对比。为什么没有研究恐龙或者其他大生物的科学家上船？那是因为深海沉积不可能有陆地大生物，并且直径6厘米的岩芯也不可能含有完整的或者足量的大生物骨骼用于定年。

● 知识小贴士

放射虫：浮游生物，有如球形对称，外壳为硅质，壳上有花纹。身体分为内外两部分，外部为胶状物质，多有液泡，内部有细胞核、液泡和各色的油滴。

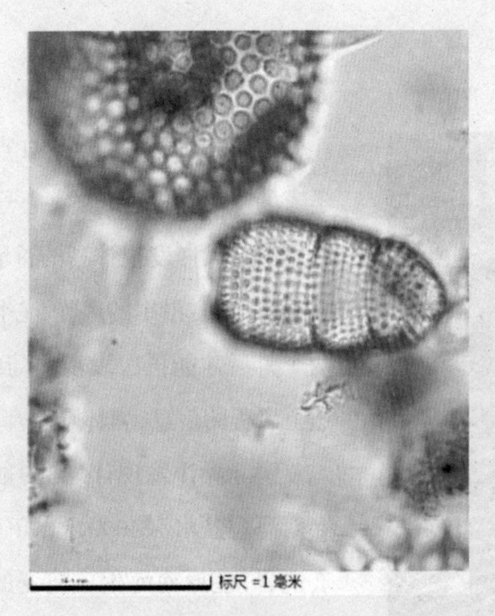

放射虫化石显微照片◎

地层定年遵循“地层层序律”，就是说先沉积的、较老的地层在下，后沉积的、较新的地层在上。不管你喜欢不喜欢，这里就是“后来者居上”。这个简单得不能再简单的定义，构成了地层学的基础。它表明地层具有时间先后序次，研究地层就可重建地质历史，时间和空间在这里就统一了起来。通过几十年的科学研究，建立的全球通用地质年代表，主要就是结合生物化石定年和古地磁定年两种方法。同位素定年也很重要，但因其分析手段复杂且周期较长，一般只适合返航后在岸上实验室研究。

按照2012年版地质年代表，我们地球最新的纪元——第四纪开始于260万年前，而恐龙灭绝之后的新生代起始于6600万年前。太平洋和大西洋的发育年龄大约是在恐龙时代的侏罗纪，距今约1亿8000万年，大西洋相对稍晚。而南海可能仅自3500万年前后才开始发育，最先从东北部向西扩张，而后分阶段向南西方向扩张。349航次就是想去寻找不同时期南海扩张的证据。

给钻取的岩芯定年，主要是靠沉积物样品中出现的微体化石，所以鉴别化石种类就成为我们在船上工作的基本内容。由于个体微小，化石的鉴定就必须借助不同的光学显微镜，必要时还需借助电子显微镜。“决心号”无愧其当今大洋钻探旗舰的称号，不仅有多台高精度显微镜，还装备一台桌面小体积的环境电子扫描显微镜。管理显微镜的技术员比尔，原来是一位颇有名气的摄影师，给1000多对新婚夫妇拍过结婚照，为了圆其显微拍照之梦，10年前他毅然关掉自己在美国得克萨斯州的摄像馆，到“决心号”上打工当技术员。他发明的多功能全景照相装置已在船上使用，可拍摄正交偏光下多尺寸薄片的全景照片。有像他这样的热心专业技术人员相助，我们的工作时时充满着快乐。

当今南海4000米海水之下的沉积物都含什么样的生物化石呢？不出所料，第一个站位水深4250米处用于建立标准0米基底的沉积物泥样中含大量放射虫。如刘传联教授在《“决心号”上的“超微小屋”》文中介绍的，南海3500米碳酸盐补偿深度之下，钙质化石发生溶解，剩下的只有硅质化石如放射虫以及水和大气搬来的黏土了。如果往下钻取的地层都这样，那还要有孔虫专家和钙质超微化石专家上船有何用？但不然，钻孔深处岩芯里的有孔虫和钙质超微化石并不少见，可以说是在演绎刘志飞教授所描述的“动荡的南海深部”。不过且慢，下回地层学家对此还将有更详细的分解。

2月12日

解密南海深部磁性“条形码”（一）

赵西西　同济大学海洋高等研究院特聘研究员，从事古地磁学及海洋地质学研究。

2014年1月29日的香港，风平浪静，阳光灿烂。国际大洋发现计划的钻探旗舰“决心号”载着全船121名人员，晌午后驶离香港维多利亚港奔向南海，拉开IODP349航次的序幕。这是笔者自1990年来第12次登上“决心号”进行大洋科学考察。与以往不同的是，这次航行是由中国科学家设定，由同济大学牵头的我国新一轮南海大洋钻探。有包括共同首席科学家在内的7位来自同济大学的航次科学家。站在“决心号”的顶层甲板栏杆旁，我感到作为一名同济人的崇高科学责任，心情像被“决心号”劈开的波涛一样，久久不能平静。除了感谢首席科学家们和国际大洋发现计划给我这次到祖国的边缘海域进行科学实践的机会之外，亦暗暗立志要和大家一道，为探索出南海扩张演变的构造历史的秘密，在南海“大干一番”！

赵西西在“决心号”钻探船古地磁实验室超导磁力仪前开展测试研究工作◎

我在349航次中主要开展**古地磁学**研究工作，具体来讲就是用磁性地层学的方法来帮助测定岩石和沉积物的年代，从而为南海海底扩张的年代与过程、深海沉积过程对海盆演变的响应等核心科学问题的解答提供重要依据。磁性地层学是古地磁学与地层学之间的一门交叉学科，其核心是利用岩石中记录的地质历史上地球磁场的极性变化、地球磁场的长期变化以及岩石磁性参数的变化特征进行地层的对比和划分。众所周知，地球磁场自形成以来一直在变化，既有千年尺度有规律的周期性长期变化，又有千年至百万年尺度的非周期性**地磁场极性倒转**变化。在磁极倒转图中，古

• 知识小贴士

古地磁学：作为地磁学的一个分支，古地磁学是研究史前地球磁场变化与强度的一门科学。在岩石形成过程中，由于岩浆沉积作用、结晶作用或化学反应致使矿物颗粒中内部磁场被地球磁场磁化而造成岩石的磁性。测量岩石中“化石磁”的方向，就可能测定岩石形成时的古纬度和当时地极的位置。

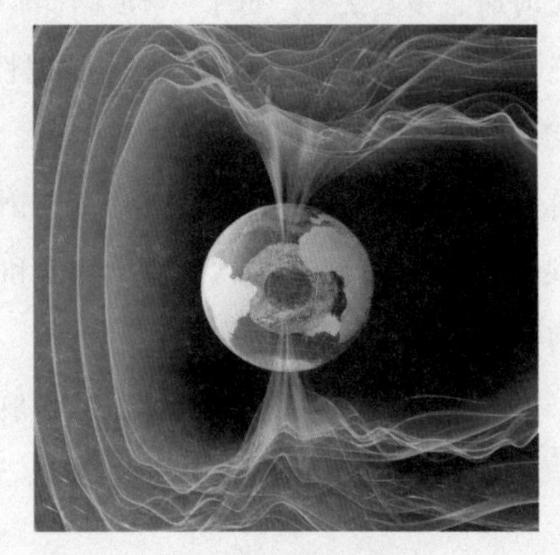

现代地球磁场示意图Ⓞ

• 知识小贴士

磁场极性倒转：地磁场的方向（两磁极的极性）在地球过去的历史中曾多次发生反转。地磁极性倒转的发现，是古地磁学的主要研究成果之一。地磁极性倒转的现象是在岩石磁性的测量和古地磁场的研究中发现的。

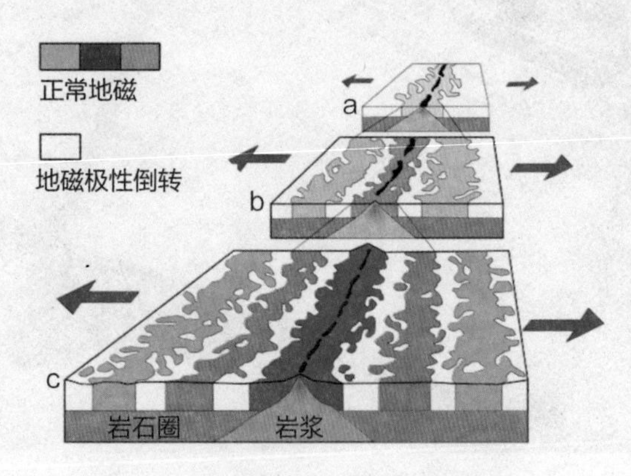

地磁倒转示意图Ⓟ

地磁学者用黑色表示和今天地球磁极一致的“正向磁性”，白色表示与此相反的“反向磁性”。这些黑白线条构成了地球独特的“条形码”，形象地展示了地磁极在地质历史时期的频繁交替。每个“条形码”都有自己的年龄和持续时间，是地球磁场的“指纹”。由于地磁场倒转的全球性、同时性和可信性，使磁性地层学方法广泛应用于海相、陆相**沉积序列**的划分和对比。正因如此，自国际大洋发现计划DSDP阶段（当时称为“深海钻探计划”）首次实施起，磁性地层学在大洋钻探研究中就占有了不可或缺的重要位置。与本航次的古生物学和沉积学研究一样，磁性地层学工作可谓是南海钻探研究的排头兵。

果然，这个排头兵的作用在南海349航次第一个站位上就派上了用场。当“决心号”气喘吁吁地赶到南海中央海盆站位，于2月1日午夜从U1341A孔取上第一根近

• 知识小贴士

沉积序列：从一种沉积物逐渐过渡到另一种沉积物的规律性顺序排列。沉积序列的顶和底面可以是岩性差异明显的接触界面或是侵蚀面和沉积间断面。如从砾岩-砂岩-粉砂岩-黏土岩，是一套从粗到细的沉积序列。

沉积序列◎

赵西西对岩芯进行古地磁测量

10米长的岩芯时，大家都迫不及待地想知道岩芯中沉积物的年龄。船上的有孔虫专家和钙质超微化石专家发现沉积物中同时有0.4—2.5百万年的化石。如同同济大学的刘志飞教授、刘传联教授和李前裕教授在前文中所描述，南海的深部并不平静，频繁发生过浊流沉积事件。浊流事件不仅大规模地搬运物质，形成沉积物颗粒由底部向上变细的沉积旋回，同时也使得生物化石发生再沉积。U1431A钻孔为地球化学用的实验孔，原本无须进行古地磁测量。那日我正好值班，就把每个岩芯都做了古地磁测试。测试结果表明该岩芯所包含的全是正极性段，应属于标准极性柱中的布容正极性期（距今约78万年）。由此帮助古生物专家们确认他们发现的2.5百万年前的化石为再沉积产物。之后我们通过对U1431D钻孔的古地磁样品测试研究，证实了这个发现。并且，根据正负极性段和磁学属性所建立的极性单位，我们发现U1431D钻孔岩芯记录了布容正向极性期（0—0.781百万年）、松山反向期中的贾拉米洛（0.988—1.072百万年）和奥尔都维（1.778—1.945百万年）极性亚时等其他磁极性时期。根据这些古地磁资料可以确定这个站位第四纪以来的沉积物沉积速率以及浊流事件发生的频率。这些初步结果除了让我领略科学发现的喜悦之外，又一次感受到“岩石和沉积物不会撒谎”这一说法的正确性。

我在“决心号”上的工作时间是每天中午12点到半夜12点，下班后通常去船尾的直升飞机场跑步锻炼。夜深人静时，每每看到海豚和其他鱼类沿着船边跳跃起舞，都不禁想到它们说不定是受南海龙王的委托，前来引导我们这些叫科学家的人们去南海龙王的秘密小房，去找出南海海底扩张的记录匣，拿到解开南海地质演变历史的金钥匙呢！

2月15日
揭开南海深部微生物的神秘面纱

张传伦　同济大学海洋与地球科学学院教授*，从事地质微生物学研究。

北纬15度、东经117度的南海海面上，色彩斑斓的mahi mahi（鲯鳅鱼）变换着泳姿和颜色迎接"决心号"的到来。你们是否已经知道在船上有生物学家？可是让你们失望了，mahi mahi！我们感兴趣的不是你们，而是深海家族中最不起眼的微生物！

张传伦在船上生物化学实验室工作◎

与海洋上层"海阔鱼跃"的自由世界不同，在海底深处狭窄的沉积颗粒物空隙之间或岩石缝隙之间生活着微米级

• 知识小贴士

古菌：单细胞微生物。这些微生物属于原核生物，它们与细菌有很多相似之处，即它们没有细胞核和任何其他膜结合细胞器，同时另一些特征类似真核生物，比如存在重复序列与核小体。

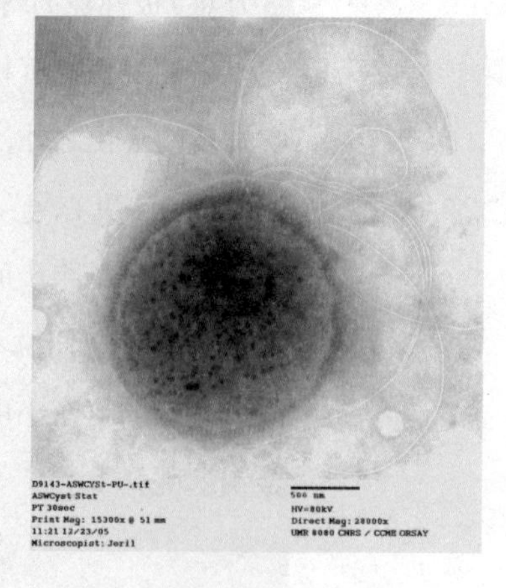

古菌*Thermococcus gammatolerans*

注：现为南方科技大学海洋科学与工程系讲席教授。

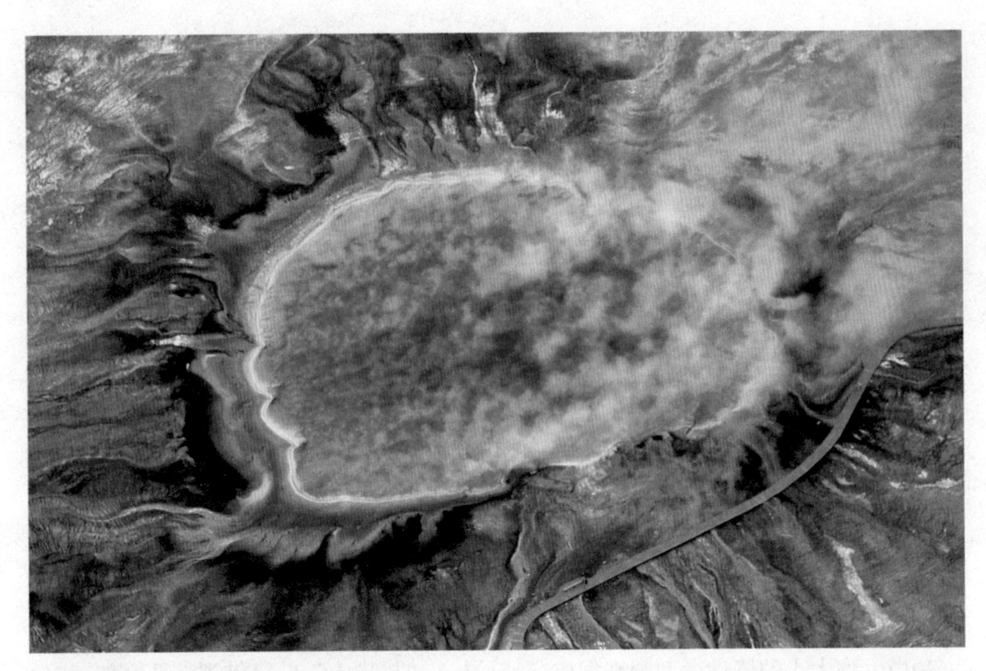

古菌最初在热液等极端环境中被发现Ⓟ

的微生物，分别是细菌和**古菌**。这些微生物占海底沉积物中生物量的70%还多，数量级达到10^{30}。形象地讲，假如把这些微小个体连在一起，它们的总长度相当于从地球到银河系中心距离的几万倍。

海底微生物对人类来讲是一个神秘的存在。比如说，深海沉积物中的细菌和古菌到底有多少种类？它们是怎样在无光、缺氧、空间狭小、食物匮乏的环境中繁衍生息？它们是如何承受数千米水深和数百米沉积物或岩石带来的压力？如此等等，一系列的问题需要科学家来回答。我们为什么对这些问题感兴趣？因为找到答案也许就可以回答地球上生命起源的问题。为此，从2003年实施综合大洋钻探计划开始，**深部生物圈**就一直是国际海洋前沿研究的科学目标之一。

• 知识小贴士

深部生物圈：海洋底部到海底地层800米以下均有微生物活动的迹象，这个区域称为海洋深部生物圈，这里的生物主要是微生物，它们的储量、分子多样性以及生理生态功能都十分丰富多样。

南海深部是海底微生物研究的处女地，因为前人还从来没有在该区域数千米水深之下的数百米深的钻孔中开展过研究。“决心号”最近几年刚刚装配好世界上先进的微生物实验室，这为南海349航次开展深部微生物研究提供了宝贵条件。

我们知道微生物无处不在，因此深部海底微生物研究的关键是无污染的样品采集和处理。作为船上生物地球化学家，我和来自美国俄勒冈大学的微生物学家维克·科尔韦尔在航次开始阶段的主要精力集中在样品采集和处理上。“决心号”采用的钻探技术是使用原位海水作为泥浆循环液体，而海水和钻探过程产生的泥浆中都充满了各种微生物。经过多年的经验积累，微生物学家们总结出了几个有效的方法，用于评估样品污染的程度。一种方法是在钻井水或泥浆中添加一种叫三氟甲烷环己烷的挥发性惰性液体，当岩芯取上来时，在岩芯中心部分采集1—2克新鲜沉积物并立刻装入玻璃瓶中密封，然后在船上实验室内的气相色谱仪上进行检测，通过与标准曲线的对比，可以评估样品在钻探过程中被海水和泥浆污染的程度。另一种方法是将一种微生物大小的惰性微型圆珠配成溶液，装入塑料袋内随钻管带到钻孔底部，当钻头转动时塑料袋破裂，微型圆珠漏出并随泥浆一起与岩芯表面接触，遇到岩芯的裂缝时(主要适用于坚硬的岩石)，微型圆珠就会侵入岩芯内，我们对采集上来的岩芯进行显微镜观察，观测到微型圆珠的数量与所加入的总量相对比可以用来判定岩芯样品被污染的程度。

采集到的样品要马上存放在7—8℃的厌氧箱内以避免与空气接触，这是因为海底沉积物在表层以下基本是无氧环境，生活在那里的微生物都是厌氧细菌或古菌，如果放置在空气中，这些微生物很快就会死亡。同时，低温可以尽量保持和浅层沉积物温度一致，或使微生物像冬眠的动物一样代谢延缓，不至于过早死亡而降低在实验室培养它们的可能性。

随着钻探深度的增加，我们发现沉积物颗粒之间的空隙越来越小，孔隙水也越来越少，而大多数海底微生物所赖以生存的有机物也变得越来越难以降解。这些在海底黑暗深处生活了上百万年的微生物，是否已适应了狭小空间、缺水少食的极端困境了呢？南海349航次为我们探索这个问题提供了绝佳机会，南海深部微生物世界的神秘面纱正在一步步地被揭开。

2月16日
从北大西洋到南海

刘传联　同济大学海洋与地球科学学院教授，从事钙质超微化石与古海洋学研究。

船上科学家为刘传联（左五）庆祝生日◎

2004年9月28日，中国传统的中秋节，在加拿大东北部纽芬兰省的省会圣约翰斯市港口，我第一次登上"决心号"，参加国际大洋钻探计划北大西洋303航次。那时，我独自一人站在"决心号"的前甲板上，望着一轮明月，思念着远方的亲人和师友，默默地度过了那个节日。

2014年1月26日，中国马年春节的前夕，在中国香港招商局码头，我再一次登上"决心号"，参加国际大洋发现计划南海349航次。1月30日农历除夕之夜，在南海深处的第一个站位，我与中外科学家聚在一起包饺子，欢快地度过了这个节日。

从北大西洋到南海，两次参加大洋钻探航次，所见及所想有很大不同。

在国际海洋地质学界，北大西洋可是大名鼎鼎。它被称为海洋地质学的发祥地，也是世界上古海洋学研究最成熟的地方。比如前面文章中多次提到的海底浊流，其实在1858年铺设大西洋越洋电报电缆时就已经发现，浊流造成电缆铺好几个月后便被折断，不得不在1866年重新铺设。北大西洋深层水更是全球大洋传送带的重要组成部分，北大西洋深层水的一举一动，都会改变洋流的格局，引起全球气候巨变。20世纪地球科学最伟大的成就之一，**米兰科维奇气候旋回理论**也强调了北大西洋高纬地区的重要作用。并且，汪品先院士曾形象地把北大西洋高纬海区比作全球气候的"开关"。

尽管北大西洋重要，但我们是看得多做得少。所以，我参加北大西洋航次的主要

• 知识小贴士

米兰科维奇气候旋回理论：塞尔维亚的地球物理学家兼天文学家米卢廷·米兰科维奇提出的气候变化理论。他计算了过去数百万年地球的偏心率、转轴倾角和轨道进动的变化，发现了这些参数与地球上气候模式，尤其是冰川变化的关系。发现气候变化存在着三个天文周期：每隔2万年，地球的自转轴进动变化一个周期（称为岁差）；每隔4万年，地球黄道与赤道的交角变化一个周期；每隔10万年，地球公转轨道的偏心率变化一个周期。

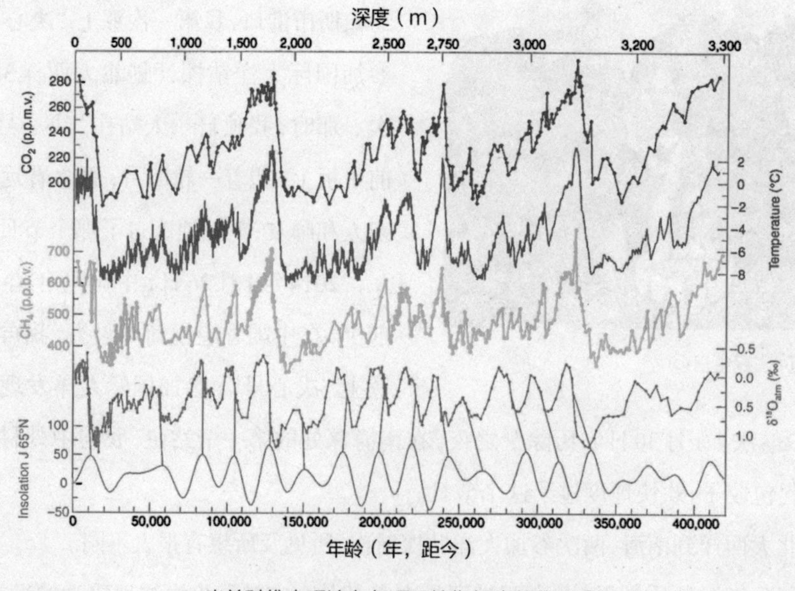

米兰科维奇理论在各项环境指标中的体现Ⓟ

目的是学习，当时并没有明确的学术目标，但航次下来还是收获不少。比如，第一次对亚极地海区钙质超微化石组合有了全面的了解，第一次观察到超微化石软泥和硅藻软泥交互的纹层状沉积，第一次观察到深海**冰筏沉积物**，第一次体会到"决心号"上高效率、快节奏、不分白天黑夜的工作方式等等。

时隔10年，我重回"决心号"参加南海大洋钻探航次则是带着明确的目标有备而来。

• 知识小贴士

冰筏沉积物：浮冰承载着大小漂砾和碎屑，被称为“冰筏”。当冰筏倾覆或融化时，其中的漂砾及石块坠落，称为坠石。南极冰盖、格陵兰冰盖解体的冰山漂浮在洋面上，它们运载着冰碛物，当冰山融化时，这些冰碛物则沉入洋底，成为冰筏碎屑沉积，它们是确定古冰川遗迹的重要证据之一。

山坡上的冰筏沉积物◎

南海，西太平洋最大的边缘海，**西太平洋暖池**的一部分，近年来在国际海洋科学界名声鹊起！这是因为如果把北大西洋高纬海区比作全球气候“开关”的话，那么低纬热带海区就是全球气候变化的“引擎”。南海恰恰就处在这样的“引擎”海区。所以，从20世纪80年代起，南海就是我国古海洋学研究的“主要战场”。但是，南海过去的古海洋学研究主要是“靠边走”(北部、南部和西部的陆架、陆坡)，对于中部、东部深海盆地的研究工作较少。不入虎穴，焉得虎子？大洋发现南海349航次给我们提供了研究的良机。

虽然这个航次的主要科学目标是南海盆地基底和构造，但是我作为古海洋学研究者其实更关心盆地上覆盖的沉积层。由于过去的工作主要局限于500万年以来南

• 知识小贴士

西太平洋暖池：一般指的是西太平洋及印度洋东部多年平均海表温度在28℃以上的温暖海区，它的总面积约占热带海洋面积的26.2%，占全球海洋面积的11.7%，西太平洋暖池的深度约在60—100米之间，暖池的变化制约着亚洲、太平洋区域，甚至全球气候变化和某些重大自然灾害的形成与变化，对于它的研究具有重要的战略意义。

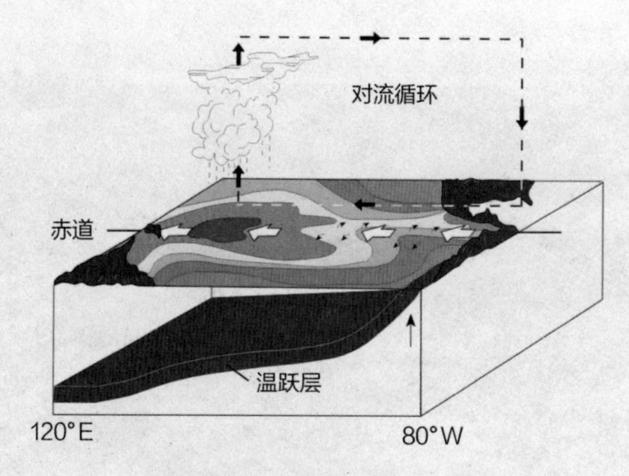

正常情况下的西太平洋暖池示意图Ⓟ

海的古海洋学研究，所以这个航次我的主要目标是研究500万年到2300万年（中新世）期间南海的古海洋环境演化。

让人感到惊喜的是，航次第一个站位的钻探初步结果就显示，中新世中、晚期的南海可谓是风云变幻，完全可以还原成一部好莱坞大片！时而是风起云涌（深海风暴）、底流暗动（浊流），时而是火光冲天（火山碎屑岩）、热流滚滚（玄武岩熔岩）。这些现象，船上的沉积学家和构造学家将会有更多精彩的描述，但无疑也为我们古海洋学、古气候学研究提供了极大的想象空间。

349航次船上科学家中，刚刚加盟我们同济大学的赵西西教授曾以不同身份12次登上“决心号”，来自中国地质大学的苏新教授也已经6次登上“决心号”。与他们相比，我还是大洋钻探的一个新兵，但每次参加航次都有新的收获。“决心号”，我还

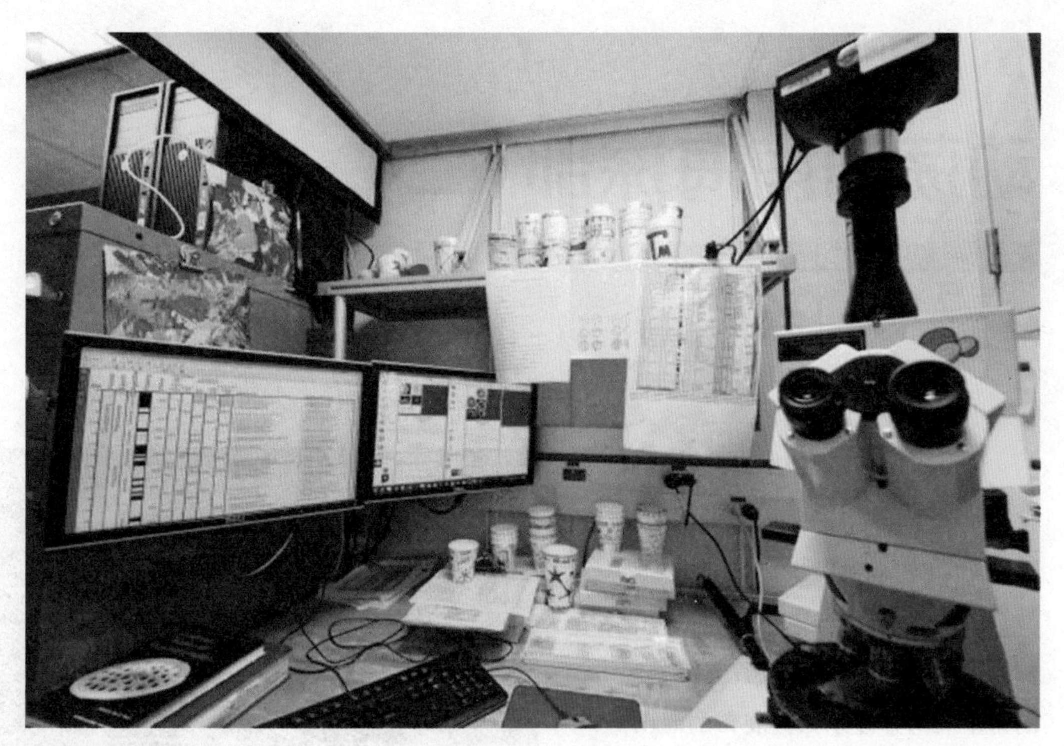
超微小屋内景

会再来！从2013年起，中国已全面加入国际大洋发现计划，中国大洋钻探的宏伟计划也已经制定，在不久的将来中国也会拥有自己的大洋钻探船。我盼望着，有一天我能登上中国的大洋钻探科考船！

2月20日
动荡的南海深部（二）

刘志飞　同济大学海洋与地球科学学院教授，从事海洋沉积学、古海洋与古环境研究。

南海大洋钻探349航次开钻的第一个站位虽然是位于深海盆中部的平原地区，但站位附近海山林立，地形陡峭，容易发生被喻为“海底风暴”的浊流事件。翻开南海的海底地形图，首先映入眼帘的是中央海盆近东西向展布的海山链，从我们的站位以西约80千米开始向东延伸300多千米，然后进入到水深5000余米的马尼拉海沟。黄岩岛大致就位于这个海山链的中间位置，从海底平原起算有4250米之高。站位东西两侧50千米范围以内分布有几座大型海山，西部的称为珍贝海山，这座海山没有露出海面，海山顶部在海平面以下约700米，算一下其高度也有3550米；东部海山的高度与其相近，是黄岩岛海山群中的一座。站位向北方向延伸150千米范围是宪南和宪北海山链，最高海山的顶部距离海平面约500米。这些火山群被认为是南海扩张后才陆续喷发形成的，据推断是几百万年前或一两千万年前形成的。如此大规模的深海火山活动在深海沉积中有无记载呢？“决心号”的钻探将揭开南海深部这页“历史”。

刘志飞在屏幕前看船的位置◎

当第二周钻探至海底以下600多米时，取上来的岩芯都是黑色的火山角砾岩。这是一种由火山爆发后经过短距离的搬运、堆积而成的砾石，类似于现代火山喷发后在火山口附近堆积的物质。这些砾石的成分多数是深色的玄武岩和**火山玻璃**，都是呈角砾状。这告诉我们在南海中部曾经发生过猛烈的海底火山喷发事件，因为只有海底火山喷发才能形成这样的基性玄武岩角砾，而且这些火山距离我们的钻探地

• 知识小贴士

火山玻璃：由火山喷发出来的熔岩迅速冷却来不及结晶而形成的一种玻璃质结构岩石，无一定的形状。

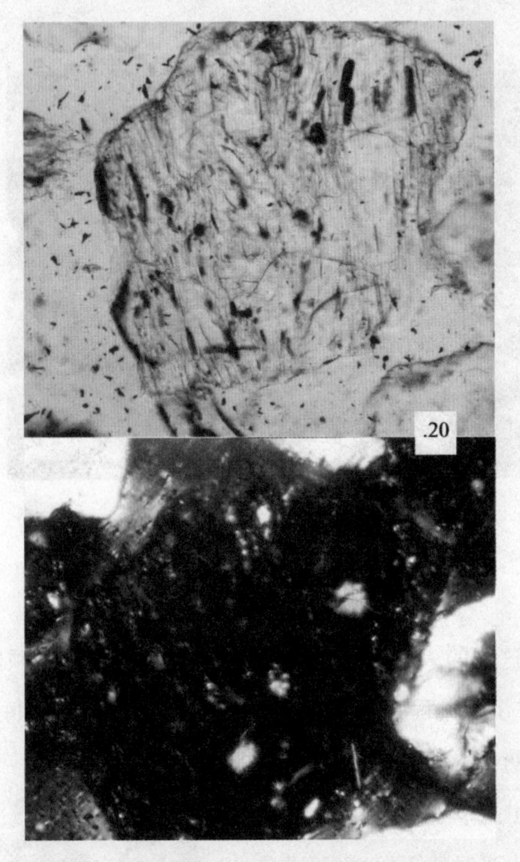

显微镜下的火山玻璃◎

点比较近。还令我们感到吃惊的是，这些火山碎屑物质都已经固结成岩。沉积物受到上面地层的负载而被压实，加上沉积物颗粒间孔隙水的化学作用，形成一种**自生矿物**（通常是硅质或钙质），如同胶水一样将沉积物颗粒牢固地粘在一起，从而使松散的沉积物变成坚硬的沉积岩。1999年春第一次在南海实施大洋钻探计划（ODP184航次）时，曾经在南海北部3200多米水深处钻取800多米厚的岩芯，直到那个钻孔底部都没有遇到已固结的沉积岩。

• 知识小贴士

自生矿物：沉积物在沉积过程中，或沉积后在沉积物内所形成的矿物，被称为自生矿物。自生矿物与他生矿物相异，他生矿物是在别处形成后被搬运到另一处沉积的矿物。

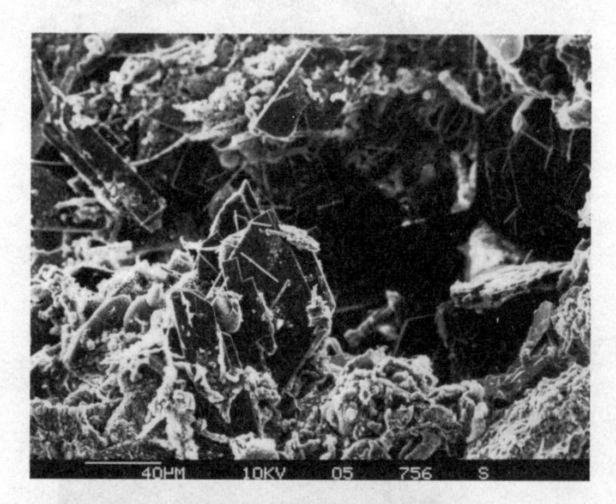

显微镜下的海洋自生矿物◎

继续钻探发现这样的火山角砾岩层厚度达200余米，中间频繁夹有浊流沉积的砂泥岩层，这说明在沉积过程中发生过多次海底火山爆发事件，每次爆发之后都会有一段相对平静的时期，深海浊流沉积仍然时有发生。这样的火山爆发事件是什么年代发生的呢？要还原出当时的爆发过程，首先要弄清这些火山角砾岩的沉积时间。通过刘传联教授《“决心号”上的“超微小屋”》、李前裕教授《探究深海生物化石编年》以及赵西西教授《解密南海深部磁性“条形码”》等文中所述的地质年代研究方法，他们推断火山爆发大致从1000多万年以前就开始了，并持续数百万年。在这长达数百万年的时间里，南海深海火山可能频繁爆发，加上

火山角砾岩岩芯，不同颜色的标签是船上科学家拟采样开展航次后研究的位置

火山活动间隙的浊流作用，当时的南海深部可能如同一个兵戎相见的“战场”。钻孔附近那竖立在海底平原上的座座海山可能就是在这“乱世”中形成的，每座海山就是当时爆发的火山口，如同占据各方的“军阀”。目前还难以估计当时的海底火山爆发是否已喷出海面，但作为南海中部傲视海底群山的黄岩岛，显然当时已“冲出”海面，成为这次钻探第一个站位附近海域最高的海山。这些耸立在海底平原上的三四千米高的海山群，千百万年以来都一直沉浸在深深的海水之中。

正当我们在“决心号”上热火朝天地描述火山角砾岩时，申城迎来了入冬以来的最低气温，起源于西伯利亚的冷空气途经上海时刮起7到8级东北风，向南吹到南海中部时虽然已减为5到6级，但还是掀起了3米高的大浪。“决心号”钻探船有明显晃动，不如前些日子那样平稳。想象着数百万年以前南海深部火山爆发的情景，体验着今天“决心号”在海浪中摇摆，俨然感受到一个正在发生动荡的南海。

现代海底火山喷发Ⓟ

2月22日
探究深海生物化石编年(二)

李前裕　同济大学海洋与地球科学学院教授，从事古海洋学及有孔虫演化等研究。

国际大洋发现计划349航次所钻取的岩芯上船后，首先要对其采样进行生物化石定年和古地磁定年，构建年龄框架。有了地层年龄，发生在不同时间段的构造与沉积事件才会“复活”起来，被编入档案，才能用来复原不同时期南海的演化历史。

李前裕在实验室◎

正如其他学科一样，深海生物化石编年是在不断探究、不断发现、不断纠正中成长起来的。30年前地层学家关心更多的是地层分带，讲究化石组合。这种传统的古生物地层手段，如今还常常用于陆相和海陆交互相的地层定年工作中。采用这样的手段，其原因主要是化石贫乏，生存于这些环境的生物要么物种存活时间都很长，要么它们的生存年龄难确认。而在深海大洋，有更多大大小小的生物种类生存。浮游生活的有孔虫、放射虫和钙质超微生物，均生活在上层海水中，受全球气候变化影响最直接，反应最灵敏，演化也最快，所以成为了深海生物地层测年的**标准化石**。

• 知识小贴士

标准化石：保存在地层中的古生物遗体(骨骼、贝壳、琥珀中的昆虫、冻土中的猛犸、茎、叶)、遗迹(足印、穴迹)、遗物(粪、蛋)等都称为化石。其中可用于确定地层地质年代的已灭绝的古动物或古植物化石，称为标准化石。

陆地上的动物有世代交替，深海里的微生物也有新老之分。不管是有孔虫、放射虫还是钙质超微生物，在每个地质年代都有老种逝去与新种诞生。生物类别不同，这些生死事件的出现也存在不同数量与频率。现已发现，在过去1000万年的地质历史里，有近50个浮游有孔虫生物事件和50个钙质超微生物事件，平均分辨率各达20万年。这些生物事件，就是我们用于生物定年的“标准钉子”。通过多年的研究，我们已经基本确认这些“标准钉子”的年龄。又因为有孔虫、放射虫和钙质超微生物都具大洋漂浮性，在不同海域发现的同一生物事件往往都具有同时性，所以可以进行全球对比。这样一来，从沉积物中识别不同时期生物遗留下来的骨骼壳体，就成为对生物地层学家的基本要求，也是大家的“看家”本领。换句话说，你首先要熟悉不同生物种的特征，能叫得出它们的名字，才有可能根据它们的出现与否来编织年龄架框，复原沉积年龄。

古生物学家对深海沉积物定年听起来简单容易，好像每天翻日历，从农历初一到十五那样有次序。可是事实并不是那么简单，因为自然界——特别是深海——有多样复杂的环境，往往会把井然有序的东西搅得一团糟。最典型的例子就是几个原本生存于不同时代的生物化石却会同时出现。为什么它们会同时出现呢？并不是因为它们会“穿越”，而是它们受到多次“埋葬”的结果，也就是地质学定义的“**再沉积**”。生物的再沉积可以根据化石群的特征来判别，但岩石矿物的再沉积就不那么容易区分了，因为古今的沙泥基本是一样的，只能靠分析沉积层的结构构造和泥沙里的成分进行区分。

深海浊流沉积是大洋里的普遍现象，也是造成沉积物再沉积、新老化石共存的主要原因。复杂多变的沉积层结构和叠繁杂乱的生物事件，共同表明了曾发生过大规模的浊流活动。349航次第一个站位岩芯的古生物与沉积地层的研究结果，证实南海深海自1500万年以来，地层中基本都是浊流沉积物，而普通深海沉积物相当贫乏。对此，古生物地层学家们常常感到头痛，但我们还是想尽办法寻找那些不多见

• 知识小贴士

再沉积：含化石的岩层经剥蚀，其中所含的化石被冲刷出来，经过搬运后再在较新沉积物中被掩埋而保存下来的过程。

349航次古生物学家全家福◎

的微小宝贝。

怎样理顺受浊流影响变得杂乱的生物沉积物，进而给这些浊积层编年？具体说来，就是从一堆混杂的生物化石中找出最新的生物事件，这个最新生物事件的年龄就可以用来代表其层位的年龄。这时，往往是生物的出生年龄更可靠，生物的死亡年龄由于再沉积作用容易将年龄拉长而变得不怎么可信了。

349航次有多个古生物学家分别负责有孔虫、钙质超微和放射虫的定年工作，除了共同对付由于环境变化带来不同的生物化石，也是为了增强地层编年的准确性。大家知道，“三个臭皮匠，顶个诸葛亮”。同理，通过3类生物地层定年结果的相互对比，使地层编年的准确性和可信度都会得到提高。这不仅是有备而来，更是为着胜利而来。现在，第一个站位的工作基本结束，第二站位已经开钻，我们大家都在期待着新的挑战！

2月25日

解密南海深部磁性“条形码”(二)

赵西西　同济大学海洋高等研究院特聘研究员，从事古地磁学及海洋地质学研究。

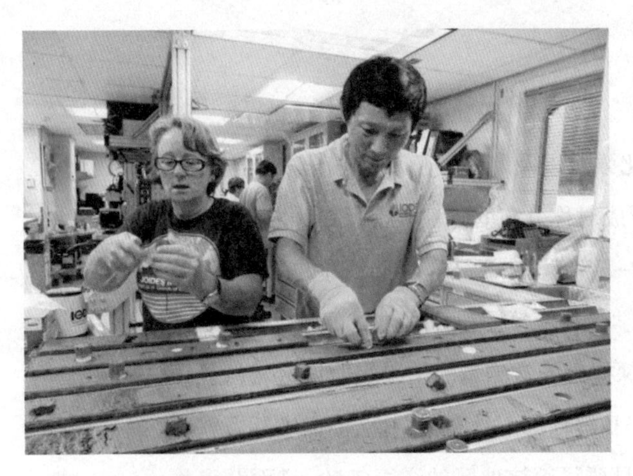
赵西西(右)从岩芯中取样

2月14日是中国传统佳节元宵节，恰好也是西方的情人节。我们在“决心号”钻探船上感受到这中西节日“喜相逢”的欢乐气氛。中国地质大学(北京)的苏新老师热情地让我们品尝了她在香港买的年糕，让大家在紧张工作之余体验佳节的温馨和民族亲情。航次经理库尔哈内克博士亦热情地与我们分享她的巧克力糖，与众人同庆西方浪漫情人节。船上大厨还特意准备了两个加大加甜的蛋糕，献给这据说是19年才能遇到一次的中西“喜相逢”，大家其乐融融。可能是因为心情好的缘故，我觉得今日爱意无处不在，蓝天白云和碧蓝的海水都出现“爱”的踪影，有自然形成的各色心形。“爱”的踪影甚至出现在“决心号”的采样平台上。连用于古地磁研究的岩芯标本也似乎被丘比特的爱箭射中了！这一切都预示今天将是个美好的日子。的确，今天我们完成了南海349航次第一个站位(编号U1431)的钻探工作。“决心号”趁着这双重节日的正能量，迎风破浪把我们带向南海349航次第二个站位(编号U1432)。

在“决心号”向前行驶的同时，349航次上的科学家们抓紧时间分析和处理第一个站位的数据。我们海洋地质工作者常把大洋中脊称为洋底的巨龙。而我们刚完成的第一个站位就坐落在南海中央海盆的洋中脊上。大洋中脊是洋壳不断增生的部分。在大洋中脊处，炙热的熔岩不断涌向地壳表层并在冷却时受到地磁场的影响。岩浆中的磁性矿物在低于其**居里温度**(磁铁矿为578℃，赤铁矿为670℃)的冷却过程

• 知识小贴士

居里温度：又被称作居里点或磁性转变点，是指磁性材料中自发磁化强度降到零时的温度，是铁磁性或亚铁磁性物质转变成顺磁性物质的临界点。低于居里点温度时该物质成为铁磁体，此时和材料的磁性很难改变。当温度高于居里点时，该物质成为顺磁体，磁体的磁性很容易随周围磁场的改变而改变。居里点由物质的化学成分和晶体结构决定。

中受地球磁场的磁化，获得稳定的**剩余磁化强度**以及剩磁倾角和磁偏角。洋壳扩张将较老的岩石推向两侧，在大洋中脊两侧形成对称分布的磁性异常条带，也就是我们前文中提到的地球独特的磁性“条形码”的一部分。在汪品先院士领导的“南海深海过程演变”重大研究计划的资助下，同济大学李春峰教授和林间教授新近完成了对这个站位附近海底磁性异常条带的高分辨率深拖磁异常测量。结果表明该区域的最强磁异常的年龄为1600万年左右。然而，数据和解释都不具有唯一性，尚需实际资料进一步验证和丰富。我们钻探的主要目标就是要了解该地区的洋壳年龄，进而获得关于南海洋壳何时停止扩张的证据。

• 知识小贴士

剩余磁化强度：即剩磁，是指磁体经磁化至饱和以后，撤去外磁场，仍能保持一定的磁化强度。剩磁的极限值为饱和磁化强度。

“决心号”钻探船上用于古地磁测试研究的定向标本，红色箭头表示岩芯向上的方向

古磁学研究是了解整个地球地质演化历史唯一的直接地球物理方法，因为地球的各种物理场会随时间变化，但只有磁场留下了历史痕迹，即化石磁性，可以长期保持。如同刘志飞教授《动荡的南海深部（二）》一文中描述，我们在刚完成的第一个站位上发现海底以下600多米处有一套200多米厚的火山角砾岩。由其中的生物化石推断火山角砾岩大致从1000多万年以前就开始沉积，并持续了数百万年时间。经过磁性地层学特征研究后了解到其岩芯所包含的正负极性段，将其与标准极性柱中的C5极性时中的正负极性段相比，证据表明这一套火山角砾岩极有可能在1200万年以前就已开始。根据地层叠加的规律，加上古地磁磁极倒转序列特征，我们初步获得了南海玄武岩洋壳基底的最小年龄，加上航次后即将开展的同位素精确测年，可望对南海何时停止扩张这一悬而未解的问题给出准确的答案！

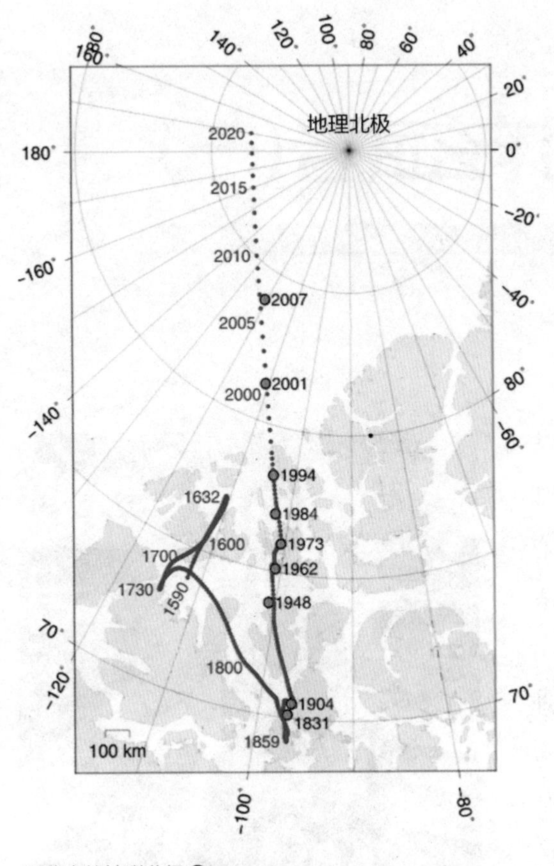

漂移中的地磁北极◎

“决心号”在向第二个站位行进途中，遇到南下的冷空气掀起的风浪，钻探船有些颠簸。我走到船头，一边瞭望海面，一边浮想幽深的海底究竟藏有多少奥秘。忽然看见一群小飞鱼被“决心号”劈开的海浪惊飞出水面。说时迟那时快，一只饥饿的海鸟不知从何处而来，以迅雷不及掩耳之势从天而降，瞬间扑向小飞鱼群。其俯冲动作堪称自然界最令人生畏的猎食表演。只见它扑食成功后，垂直飞向天空并止住扇动的翅膀，洋洋得意地抖动脖子，吞咽“战利品”。可怜的小飞鱼，瞬间成了海鸟的美餐。我除了惊叹这自然场景，也联想到刘传联教授和刘志飞教授分别描述过的那个硝烟滚滚的南海深部“战场”。虽然我们无法体验伴随着南海由“前生”（扩张前）到“今世”（扩张后）转折的火山爆发场景，但南海深部的地质记录，一定会像那海鸟抖动脖子吞咽飞鱼一样，成为南海传奇“生命史”的蔚蓝见证！

3月2日
触摸南海深部的大洋玄武岩(一)

李春峰 同济大学海洋与地球科学学院教授*，从事海洋地质及地球物理学研究。

作为一个地球物理学家，我深感地球物理方法的威力之大——借助它们我们能够遥测地球深部的秘密。面对南海，总有小时候遥望月亮时的心情，很想知道玉兔的皮毛如何的柔软、而嫦娥的衣服又应该怎样的华丽，可是没办法触摸到、见到。

李春峰与南海大洋玄武岩岩芯

在南海，通过捕捉和观测来自地球内部的物理信号，科学家已经告诉了我们南海的水深、南海海盆里面沉积物的厚度、沉积物之下岩石的部分特性，可是对南海的认识总是有不确定性、不唯一性，因而对南海的成因和年龄一直有多种猜想和假说，因为一直是隔山观“虎”，却从来没有亲自触摸过“老虎”的屁股。

不是因为怕“老虎”，而是真的很遥远，需要翻山越岭、跋山涉水才能来到“老虎”的跟前；要触摸南海深部的岩石，需要穿过4000米左右的海水和1000米左右的大洋沉积层。这需要不一般的功力，龙王能入水而不能入地，不行；土拨鼠会打洞但又会被水淹死，也不行。

为了能够与大洋玄武岩进行亲密接触，更好地认识它所释放的地球物理信号，需要用探海钻探的技术，打穿覆盖在大洋玄武岩之上的沉积物。为了实现这样一个艰巨的目标，需要在国际大洋发现计划的框架下，利用先进而功力深厚的深海钻探船“决心号”来实施，“决心号”可以在全球大洋的大部分地区实施深部钻探。可是“决

注：现为浙江大学海洋学院求是特聘教授。

心号”这次为什么来南海,而不是其他海域?

南海的形成始于大约3000万年之前的大陆伸展和破裂,地球深部炽热的岩浆慢慢溢出,逐渐充填入南海不断扩大后形成的空间。这样,海底形成一种叫大洋玄武岩的岩石,这是深部岩浆喷溢后快速冷却形成的,由于冷却速度够快,它们很好地记录了当时地球磁场的信息。科学家通过对玄武岩样品的物理和化学分析,可以确定其年龄和所携带的地球内部信息,从而进一步解开南海成因的秘密以及它在全球地质演化中的地位和角色。所以,南海的大洋玄武岩被认为是打开南海的钥匙,而过去我们从来没有获得过。

大洋钻探航次的实施,是一个系统工程,涉及科学和技术的方方面面。首先要有充分的理由说服国际评委和管理组织选择南海。为此,我领衔组织40多位国内外科学家,提出南海大洋玄武岩钻探的科学建议书,设计在南海海盆的不同部位实施3个站位的钻探,以确定其开始形成和停止生长的年龄,认识南海生命演化的历史故事和地质背景。

到371航次为止IODP及其前身在全球的所有航次

地球物理调查往往是航次计划的先锋，因为钻探站位的确定需要充分区域地球物理资料的支撑，反过来，航次的实施又可以提升对地球物理资料的认识程度。系统的科学需要系统的合作，航次建议期间我们得到了国内外许多科研单位，包括广州海洋地质调查局、国家海洋局第二海洋研究所、德国地质资源局等的大力支持。汪品先院士、周祖翼教授、李家彪研究员等科学家自始至终都关心建议书的完善和航次的实施，在我2003年刚刚回国而对南海知之甚少的时候，是他们的支持和鼓励使我如鱼得水般开始了深海的畅游，也获得了提出国际重大科学建议书的勇气。

自2008年以来，经过5年多反复的审议、修改、讨论、完善，最终在中国资助70%经费的前提下，国际科学家们充分认识到南海的科学重要性，通过了评议。航次于2014年春顺利实施，定名为IODP349航次。我和林间教授被委任为本航次的首席科学家，担负组织国际科学家团队、领导实施预定的科学计划的重任。

当建议书最终被批准的时候，我激动之余又忐忑不安，多年为之努力的科学理想终于可以付诸实践，但同时感到很大的压力，因为这是一个耗资上千万美元的大项目，而且在长达一年的航次前准备过程以及两个月的航次实施中，需要做大量的工作：安全评估、资料提交、提出计划书、航次前会议、组织科学家、评议取样建议、报告审阅、组织讨论等等。航次后还要组织学术会议、成果发表。所以一个航次从最初酝酿到成功完成，差不多要10年的时间，真的是十年磨一剑！

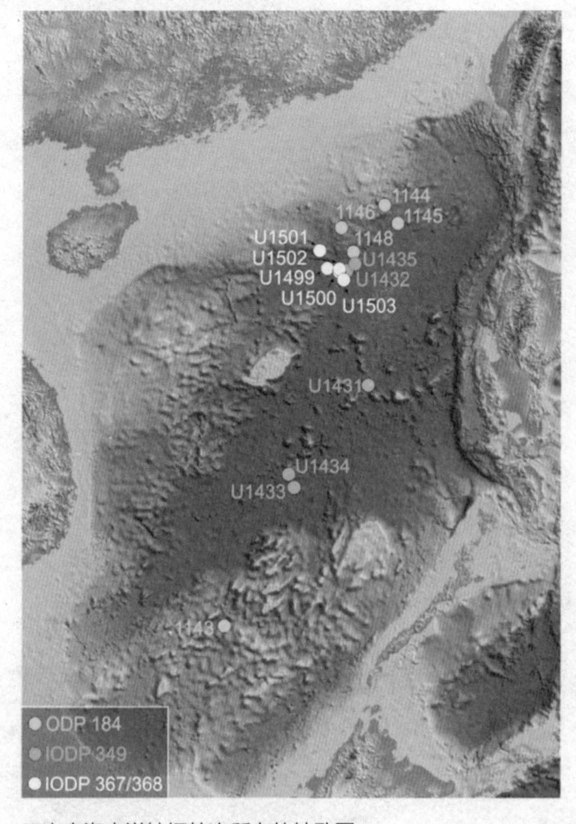

三次南海大洋钻探航次所有的钻孔图

2014年1月29日，当“决心号”缓缓驶离香港的时候，船上所有科学家都来到顶层甲板，照相留念，见证这个由中国科学家主导并成为新的国际大洋发现计划首航的349航次的启航。此时的我却感觉非常平静，似乎一切都已准备充分了，因为身后有一个强大的支撑队伍：30多位来自世界各地具有不同专业背景的科学家、1位组织能力强的航次项目经理、20多位技术精湛的技术员、50多位经验丰富的钻探工程师和船员、10多位专业的后勤保障人员。此外最重要的保障，来自中国大洋发现计划办公室、同济大学、科技部、海洋局、海警等各个部门，他们的通力协调与合作，为航次的实施铺平了道路。

位于南海海盆中部的第一个站位，水深4200多米，要获得大洋玄武岩还需要钻穿约900米的沉积物，钻探开始时进展非常顺利，但是到达400多米深的时候，取芯率很低，经常取不上任何岩石，这个现象一直持续到海底之下600多米，岩性突然发生变化，以至于钻头损坏，这是最让人担心的事情：一些预料不到的岩石会使得钻探非常困难。

为了获得更深部的大洋玄武岩，我们果断决策，更换钻头、建立新的钻孔，一直钻探至近600多米深再重新取芯，结果超出我们的想象，我们首次发现了南海的火山碎屑岩，它们是由火山喷发物质固结而成的岩石，里面含有很多玄武岩碎块。因为其已固结成岩，硬度很高，以至于损坏了前面一个钻头。

翻开南海的地形图，会发现海盆内部有很多突起的高地，它们可以从4000多米深的海底，一直到达海面以上，形成异常陡峻的海山。过去研究发现它们是在大约1500万年南海形成之后从海底溢出的火山岩浆不断喷溢生长的结果。我们的第一个钻孔位置靠近南海的残留洋中脊，即南海海底岩浆过去不断向两侧扩张的轴心部位。由于这里构造薄弱，又是最接近地球内部的地方，所以在南海停止生长之后，这里形成了大量海山。

当我们看到火山碎屑岩的时候，既兴奋又紧张。兴奋是因为这些岩石记录了南海火山演化的完整历史，过去虽然获得过海山浅部的岩石样品，但是对其演化历史一无所知，而现在我们可以通过在站位上获得的多层火山碎屑岩的化学特征以及火山碎屑岩之间的沉积岩中的化石，首次构建完整的海山的形成原因和演化历史，初步分析发现海山主要是在南海停止生长后的400万年内形成的。而紧张是因为离海山如此之近，会不会影响我们继续往深部钻探？会不会有硬度很高的岩浆岩脉影响我们的钻探？会不会下面获得的岩石不是大洋玄武岩，而是海山玄武岩呢？这一切都有待我们进一步解决。

3月16日
动荡的南海深部(三):动荡中的平静

刘志飞 同济大学海洋与地球学院教授，从事海洋沉积学、古海洋与古环境研究。

在南海大洋钻探349航次第一个站位(编号U1431),我们发现了被喻为“海底风暴”的浊流沉积浊积岩、海底火山爆发形成的火山角砾岩以及代表海底扩张的大洋玄武岩,它们暗含着南海中部海盆1600万年以来的演绎史。然而,南海深部并非每处都这样动荡,第三个站位的钻探结果就是记录相对平静的演化历史,这出乎我们船上科学家的预料。科学钻探的诱人之处就在于不断地发现地球深处的奥秘。

刘志飞在钙质超微化石白垩的岩芯前

我们在3月8日到达第三个站位(编号U1433),这个站位位于南海西南部的深水盆地,水深约4390米,比第一个站位还深150米,这里的海底周围100千米范围内也分布着几座海山。截至目前,已钻穿了800米厚的沉积层,我们发现这里的深海要安静许多。钻取岩芯的上部200多米都是厚层的泥质沉积,偶尔夹杂一些很薄的粉沙层,这些沉积物的出现说明当时沉积环境的水动力条件不强,虽然薄层的粉沙也指示短时的动荡,但这里的深海底部总体相对安静。这让我们感叹南海深部“深不可测”,因为我们当时预测这个站位上部地层都是以浊流沉积为主,钻探的发现却揭示了一个截然不同的深海沉积环境。继续钻进时,我们仍然认为可能有浊流或火山碎屑沉积的出现,毕竟这里距离第一个站位仅有300多千米距离,而且处于同一个区域的深

提取岩芯◎

海环境。

然而，钻进到300多米时迎接我们的仍然是厚层泥质沉积，但夹有中厚层的钙质沉积物。这些钙质沉积层就如刘传联教授在《“决心号”上的“超微小屋”》文中的描述，是由钙质超微化石组成的钙质软泥，钙质超微化石一般仅有几微米大小，专业术语称为“钙质超微化石软泥”。有时在钙质超微化石软泥层的底部会有颗粒稍大的有孔虫软泥，有孔虫化石的大小从几十微米到几百微米，如李前裕教授在《探究深海生物化石编年（一）》文中所述，我们称其为“有孔虫软泥”。钙质软泥沉积层只有在碳酸盐补偿深度（简称CCD，见刘传联教授的《“决心号”上的“超微小屋”》）之上才能形成，南海现今的CCD深度是3500米左右，而这个站位水深远超过CCD深度，加上钙质软泥的粒度变细层序，我们推断新出现的钙质软泥仍然是一种浊流的产物，可能是从附近的海山斜坡快速搬运而来。但尽管这样，这样钙质软泥形成的动荡环境还远不及第一个站位频繁发生沙泥质浊流的强度。

继续钻进到距海底五六百米深度时，不断有厚层的钙质超微化石软泥出现，厚度有时达到七八米。这里的沉积物由于埋藏很深，加上当时可能有地热的作用，沉积物已经开始固结成坚硬的岩石，我们将这种由钙质软泥形成的岩石称为“**白垩**”。“白垩”是一种白色、质软、多孔隙、形成于深海环境、由方解石矿物组成的石灰岩。这个词起源于欧洲的地质地层单位，即晚白垩世“Chalk Group（白垩群）”，由于其颜色灰白、矿物成分单一，别具特色，后来地质学界将这类石灰岩都称为“chalk”。最简单的例子，就是老师在上课时使用的“白色粉笔”也称为“chalk”，这是因为“白垩”这种石灰岩在颜色和成分就如同粉笔一样。由钙质超微化石软泥成岩就形成“钙质超微化石白垩”，由有孔虫软泥成岩就称为“有孔虫白垩”。我们钻探获得的钙质超微化石白垩层，在其底部通常会有10多厘米厚的有孔虫白垩，显示其仍然来源于浊流。但如此之厚的钙质超微化石白垩让我们感到迷惑，一次浊流活动如何形成这么厚而且

● 知识小贴士

白垩：一种微细的碳酸钙的沉积物，属于方解石的变种。

白垩地层◎

成分均一的钙质超微化石沉积？为什么没有如同第一个站位那样形成大规模厚层砂泥岩组成的浊流沉积？

航次钻探已进行了一个半月，从动荡到相对平静，南海深部的一系列的发现给我们带来了更多有待解答的科学疑问，南海深部的奥秘探索可能才真正开始。

3 月 17 日

触摸南海深部的大洋玄武岩(二)

李春峰 同济大学海洋与地球科学学院教授*，从事海洋地质与地球物理学研究。

李春峰在船上讲课

根据汪品先院士主持的南海第一次大洋钻探计划(ODP184航次,1999年)的站位测井信息,我估计349航次第一个站位的沉积物厚度在960米左右。果然,在钻探至近900米时,突然发现褐黄色泥岩,与上部的沉积岩颜色迥异,船上科学家们推测可能是快到基底的大洋玄武岩了,因为在玄武岩与沉积岩界面可能存在很强的流体活动,也可能因为玄武岩对沉积物的烘烤与物质交换,或者因为早期深海软泥沉积异常。总之,如此大的变化预示着大洋玄武岩层的到来。

很快,钻探速度明显减慢,在经过漫长的等待之后,终于获得了南海第一根玄武岩岩芯。玄武岩岩芯与上部沉积岩在颜色和密度等方面差异巨大,这是因为玄武岩来自深部岩浆的冷却。玄武岩含有很多的铁镁质的矿物,密度非常高,所以会使得钻探速度非常缓慢,一个小时只能钻探几米。看到这根岩芯后,大家都异常兴奋,因为获得南海大洋玄武岩是这个航次的首要目标之一,现在看来就要成功了。而且玄武岩的出现比预测的还稍微早了点,因为钻探中发现依据ODP184航次获得的测井资料建立的时间-深度关系给出的海盆沉积物深度估计值稍微偏大一点,但是相差几十米而已,这样钻探前所担心的深度估计误差也就消除了。

可是继续钻探70米之后,突然又发现近10米厚的褐黄色泥岩,里面含有火山岩

注:现为浙江大学海洋学院求是特聘教授。

李春峰(左二)与同航科研人员在南海大洋玄武岩岩芯前合影

碎屑,这让很多人都感到意外,也很担心,因为如果下面泥岩厚度巨大,上面70米的玄武岩就不一定是在洋中脊形成的大洋玄武岩,而可能是附近海山喷溢出的海山玄武岩,或者是沉积岩之间的岩脉,真正的大洋玄武岩是否还在更深处?大海和岩石似乎在与我们捉迷藏。

幸好,船上的岩石学家根据岩芯的特征,发现熔岩流动和冷却特征,比较倾向认为它们是大洋玄武岩。更深处进一步钻探获得的岩芯又回到玄武岩,所以这个泥岩夹层并不是特别厚,很可能是洋中脊附近的沉积物,沉积之后又被晚期的洋中脊岩浆流覆盖。这种现象在世界其他洋中脊上也存在,显示了洋中脊岩浆活动的多阶段性。而且很幸运的是,这套夹在玄武岩中的泥岩还含有保存较好的硅质化石,能够告诉我们明确的地质年代,所以获得泥岩夹层并不是坏事,反而是非常理想的结果。

虽然都是深部岩浆喷溢冷却的结果,但地球化学研究表明,大洋玄武岩可能来自比较原始和**亏损**的深部**地幔**岩浆,而海山玄武岩的岩浆源可能经过比较多的**岩浆分异作用**和物质再循环,所以两者在化学成分上有较大的区别,大洋玄武岩可以带给我

• 知识小贴士

亏损地幔：又称残留地幔，是指经过部分熔融成为岩浆后的地幔残留部分。

岩浆分异作用：原本成分均一的岩浆，在没有外来物质加入的情况下，依靠自身的演化最终产生不同组分的岩浆岩的作用。

们更多的地球深部地幔的信息。现在仍然需要进一步确认这些岩芯是来自大洋玄武岩还是海山玄武岩。

船上的岩石学家及时在显微镜下分析了玄武岩的矿物特征，同时地球化学家分析了其中的化学成分，发现其中钾元素的含量极低，与典型洋中脊玄武岩的特征类似。至此，大家心里的疑问终于消除了，手里拿着这些沉甸甸的石头，心里踏实了很多。获得玄武岩还只是成功的第一步，更大的研究挑战还在后面呢！

3月18日
出人意料和情理之中

刘传联　同济大学海洋与地球科学学院教授，从事钙质超微化石与古海洋学研究。

南海大洋钻探349航次已近尾声，这个航次给我最大的感触是有很多“出人意料”的发现，但仔细分析后又都在“情理之中”。从“出人意料”到“情理之中”，这也许就是科学探索的真正乐趣吧！

刘传联在甲板采集取芯器样品

先说沉积物的类型。从浊流沉积，到火山角砾岩，再到钙质超微化石白垩，这些都是在南海深海盆地的第一次发现，属于“出人意料”。但就像刘志飞教授前面三篇文章中描述的那样，这些沉积物之所以出现，意味南海有着动荡的深海沉积环境，所以完全在“情理之中”。这些“情理之中”的事情之所以“出人意料”，是因为原来我们在这些深海盆地缺乏钻探，所有的结论都来自**地震剖面**的解释和推测。

再说沉积物中的微体化石。本航次见到了3类微体化石，包括有孔虫、钙质超微化石和放射虫，它们在生物地层定年工作中可谓是相辅相成，帮助我们漂亮地完

• 知识小贴士

地震剖面：也叫地震记录剖面，是一张标示某条测线的地震资料图。根据纵坐标所用物理量纲的不同，地震记录剖面可分为时间剖面和深度剖面两种。

成了对沉积物的定年工作。但是“出人意料”之事也是常有发生。在航次的第一个站位（U1431站）和第三个站位（U1433站）的沉积物层序中，承担主要作用的都是钙质超微化石和有孔虫，放射虫往往只在顶部地层中出现，然后就不见了踪影。这两个站位，在接近大洋玄武岩基底的位置都发育了黄褐色的泥岩（见李春峰教授文章）。这段泥岩的年龄最关键，因为它可以告诉我们盆地停止扩张的年龄。然而，这种泥岩中，钙质的有孔虫和超微化石却不见了，因此无法提供年龄的数据。正当大家一筹莫展的时候，久而不见的放射虫在这些泥岩中出现了，在关键时刻提供了信息，发挥了重要作用。为什么放射虫只出现在沉积钻孔的顶和底呢？中间大部分时间放射虫去哪儿了？除了古海洋环境的因素外，恐怕化石保存条件也是重要的影响因素。中间绝大部分岩芯没有发现放射虫不意味着当时古海洋中没有放射虫生活，而可能是由于溶解作用没有保存下来。所以放射虫化石出现位置的“出人意料”也是在“情理之中”。

除了放射虫，钙质超微化石也有许多“出人意料”之举。最“出格”的是在上述两个钻孔的玄武岩的夹缝沉积物中发现了超微化石。第一个站位在最下面一筒玄武岩岩芯的最底部有一些沉积物，其中发现了古新世（大约5000万年前）的超微化石。这让船上所有的科学家大吃一惊，因为这大大出乎了原先的预料，这是要改变南海形成历史的大事呀？后面经过仔细分析后，认为这可能是化石再沉积的结果，不能作为确定年龄的证据。在第三个站位，超微化石又故技重演，在底部玄武岩夹缝中发现了一小块沉积岩，经过分析，里面有早中新世早期的超微化石。这一发现，再一次引起轰动，因为按原来的推测，南海西南次海盆停止扩张的年龄应该在1600万年左右。到底这些超微化石是原位沉积还是从其他地方搬运而来？到本文完稿时，我们还在继续分析和讨论，相信一定能找到其存在的“情理”。

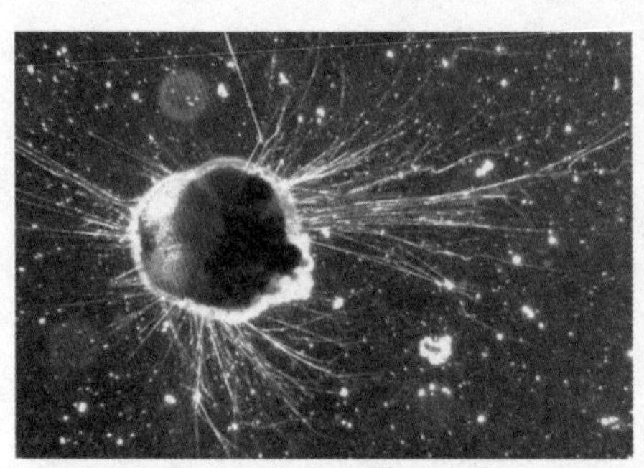

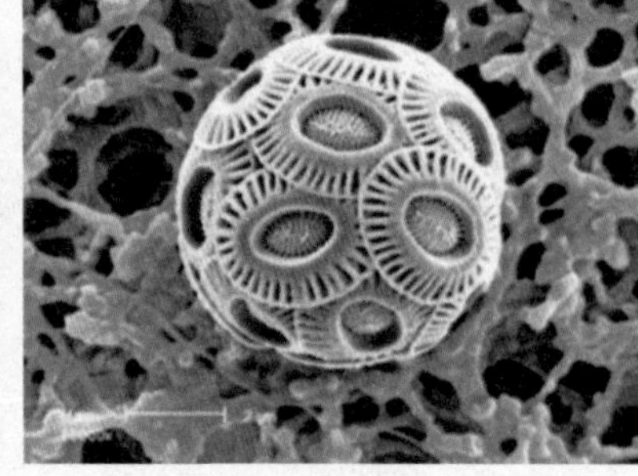

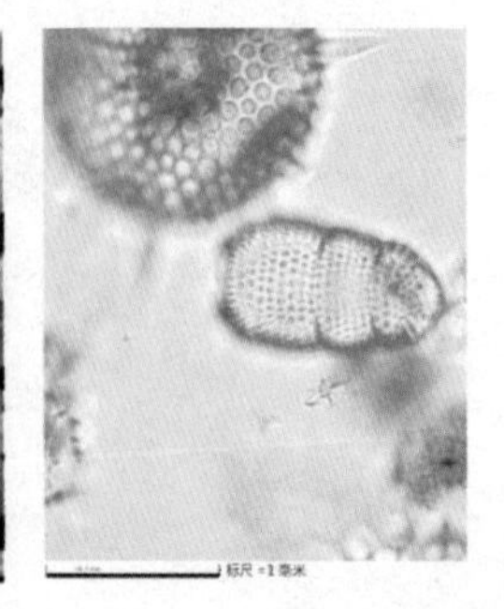

有孔虫（左）◎钙质超微化石（中）放射虫（右）◎

有孔虫、钙质超微化石和放射虫可谓是海洋微体化石的三大金刚。其中，有孔虫无论在年代地层学还是在古海洋学研究中，始终扮演着“老大”的地位。这是因为有孔虫氧同位素曲线不但可以给出高分辨率的地层年代，而且还可以帮助推测古海洋和古气候演化历史。然而，在第三站位，有孔虫“老大”的地位受到了挑战。因为广泛和大段分布的钙质超微化石软泥（白垩）的风头盖过了有孔虫，而有孔虫在多数样品中数量不多、保存不佳。这一发现又是“出乎意料”，有孔虫又去哪儿了？是溶解掉了吗？但为什么同是钙质化石的超微化石会大量保存下来呢？原来，钙质超微化石的方解石成分较纯，而有孔虫方解石中含有微量的镁，所以钙质超微化石较有孔虫抗溶，再加上快速搬运和埋藏，能够保存下来。这样，有孔虫化石不多也在“情理之中”。

“出人意料和情理之中”，是2005年全国高考的作文题目。我在“超微小屋”，一边观察显微镜下的样品，一边回想着航次开始以来的种种收获、喜悦和困惑，突然想到了用这个题目也许最能诠释我此刻的感受。船上的工作只是整个航次科学研究的开始，大量的实验研究工作需要航次后回岸上进行。“出人意料”的发现肯定还会层出不穷，但是随着研究的深入，一切皆会在“情理之中”！

3月22日
南海深部远古的宁静世界

刘志飞 同济大学海洋与地球科学学院教授，从事海洋沉积学、古海洋与古环境研究。

刘志飞与浊流沉积岩芯合影

我们的349航次虽然已近尾声，还有4天就提钻返航了，但钻探工作仍然如火如荼地进行着。目前在第四个站位（编号U1434）已经钻穿沉积层，又一次成功获得大洋玄武岩。整个航次发现的南海深部1600多万年以来动荡的演变历史，给我们留下了深刻印象。然而，南海深部的历史演绎有其动荡中相对平静的时期（如前文《动荡的南海深部（三）：动荡中的平静》所述），也更有其相当安静的一面。在3个钻穿沉积层的站位，我们发现沉积层的底部和大洋玄武岩之间都有一层较厚的红棕色泥岩，这是一种常见但非常特殊的沉积层，它告诉我们南海深部曾经相当安静，可称其为“宁静”。

这里先解释一下红棕色泥岩的来龙去脉。在现今的世界大洋底部广泛分布有红色或棕色软泥，这是一种在远离陆地、深水、慢速堆积形成的远洋沉积物，平均每千年仅沉积1—5毫米厚。软泥的成分都是微米粒级的陆地来源、火山来源或海底自生形成的矿物颗粒，也可能含有微体化石碎片等，其中，最主要的成分是黏土矿物，并含有微量的铁锰氧化物等。由于这种软泥形成的水深都在CCD深度以下，因此软泥中基本上不含钙质化石。现今的太平洋海底有35%的面积、大西洋和印度洋海底有25%的面积都是覆盖着这种红色软泥，它们代表了远洋和极其安静的深海环境。为何这些软泥是红色的呢？之前科学家的研究已经发现，这是因为细小的沉积物在海底停留时间很长，颗粒外表容易形成一层铁锰氧化物，由于沉积环境缺少有机质，这些偏

红棕色泥岩的岩芯照片，橘黄色标签“LIU_Z”是刘志飞开展研究的采样位置

红色的氧化物被埋藏后就将这种颜色保存下来，形成独具特色的远洋红棕色泥岩，被广泛称为“大洋红层”。

在南海发现这种“大洋红层”还是第一次，它的重要性还不仅是其代表宁静的深海沉积环境，而更在于其可能蕴藏了相当长时间的南海演变历史。我们的钻探发现这种红棕色泥岩有10米至30多米之厚，这意味着什么呢？如果以30米厚、现代最快平均沉积速率每千年5毫米来推算，30米红棕色泥岩蕴藏了600万年的沉积历史。这绝非是耸人听闻，根据船上对钙质超微、有孔虫和放射虫化石的地层年代学现场研究（见刘传联教授《“决心号”上的“超微小屋”》、李前裕教授《探究深海生物化石编年（一）》），这些厚层的红棕色泥岩至少记录了300至800万年的年代跨度。

南海深部这段宁静的深海环境，恰巧是发生在海底扩张停止之后，红棕色泥岩直接覆盖在大洋玄武岩之上，这让船上科学家百思不得其解。海底扩张形成大洋玄武岩时可谓是“熔岩滚滚”，而上面覆盖的红棕色泥岩则是“这里的黎明静悄悄”，这两者如何相容呢？实际上，这是两个迥异的时间尺度问题。“熔岩滚滚”是板块快速活动的过程，在其停止活动后相当长的时间都是非常的安静，海水中悬浮的微小颗粒慢悠悠地沉降，每1000年才累积1毫米多点，而那时炽热的岩浆早已冷凝成坚固的玄武岩。这里的关键就在于南海深部那段非常宁静的深海环境，没有构造活动，没有火山爆发，甚至连周边陆地河流输入的沉积物也不能抵达此处，南海深部那时的宁静世界堪称“世外桃源”。

那么，南海在扩张停止后为何如此安静呢？这是我们航次后研究需要解答的科学问题，也是我的研究兴趣所在。刘传联教授的文章《出人意料和情理之中》，似乎预测了情理之中的答案，但这些“情理之中”还有待于我们不断地去探索与验证。

3月22日

解密南海深部磁性"条形码"(三)

赵西西　同济大学海洋高等研究院特聘研究员，从事古地磁学与海洋地质学研究。

3月4日，是我们在南海第二个站位(编号U1432)钻探施工的第15个工作日。我们在这个站位钻探的主要目标是要获得基底的大洋玄武岩，了解该地区的洋壳年龄，获得南海洋壳何时开始扩张的证据。为保证井壁坚固以直接取得基底的大洋玄武岩，"决心号"采用了深孔固井技术。经过钻台上工程技术人员的辛勤工作，固井进程在这日已达到786米的深度，与预定开始钻取的目标深度800米仅差14米。眼看就要成功了，大家以各种方式默默祈祷，祝愿固井工程顺利完成。就像打仗一样，固好的井壁就像把"掩体"修到"敌城墙"下，然后一举"破城"取得玄武岩！没想到当晚由于零件失灵和其他原因，我们的钻杆竟然让水泥给卡死了。厄运破空扑面而来，真是挡也挡不住！3月5日，11个多小时的努力未能奏效，首席科学家们和船上工程负责人不得不作出炸断钻杆，放弃这个井位的决定。当大家听到这沮丧的消息后，全体无声，瞬间变成现今网络上形容的囧表情"博览会"！此时海面上亦是白浪滔滔，让我想起前南斯拉夫民谣《深深的海洋》中的歌词，不禁心中呐喊："深深的南海，你为何不平静？！"

U1432站位岩芯采集◎

然而，"决心号"上的科学家们是个有战斗精神的团队。大家迅速地理顺了情绪，有了挫折就会有奋斗的动力。鉴于天气进一步恶化，我们不失时机地作出直奔位于南海西南盆地的第三个站位(编号U1433)钻探的决定。3月8日抵达新的站位后，大家以饱满的工作热情投入到研究工作。截至3月19日，我们又一次成功地钻透了覆盖于基底上的沉积层，获得了代表海底扩张的大洋玄武岩。如同李春峰教授在《触摸南海深部的大洋玄武岩（二）》一文中所述，大洋玄武岩是深部岩浆喷溢后快速冷却形成的。由于冷却速度快，可以精确地记录当时地球磁场的方向和强度。我们对新获得的基底玄武岩进行古地磁测试研究，发现其岩芯所包含的正负极性段和剩余磁化强度的变化规律，可与南海中央海盆第一个站位（编号U1431）玄武岩的磁性特征进行对比，共同构成南海独特、条形码般的磁性指纹。这些初步结果及其有效的对比作用，引起了航次科学家们极大的重视。加之我们在这两个站位都发现的那层界于沉积层底部和大洋玄武岩之间的红棕色泥岩（“南海大洋红层”，见刘志飞教授《南海深部远古的宁静世界》一文），指示这两个海盆自南海海底扩张运动结束后已经连成一体，并经历了类似的沉积事件。

在这个站位工作中还有一些趣味小故事。船上技术人员曾对3个岩芯段是否在切割过程中被上下倒置有所争论，不能确定。于是在这3个岩芯顶端贴上黄色警告“Caution（小心）”标签。我们利用岩芯沉积物的磁性特征，发现岩芯确实被倒置了，从而给了这争论一个确定的答案。另一次是对一段仅有30厘米长的取芯器岩芯，船上沉积学工作组的刘志飞教授根据其层序特征已在两天前提出该岩芯可能被倒置的疑问。当我们进行磁性特征测试时，证实这段岩芯的确被倒置。而这次“倒置事件”却没有技术人员的事先提醒。通过沉积学和古地磁学两者独立的相互印证，技术人

船上工作人员处理岩芯◎

船上两位古地磁学家刘青松（左）与赵西西（右）合影

员随即对岩芯进行了更正，调整了数据库中的相关分析内容。这些小故事不仅再一次认证“岩石和沉积物不会撒谎”，而且为确保科研人员在今后的研究中使用正确的岩芯材料作出了应有的贡献。

本文结束时，我们完成了南海第四个站位（编号U1434）的钻探工作。“决心号”正准备载着我们向北奔向位于第二个站位附近的第五个站位（编号U1435），揭开349航次最后战役的序幕。与亿万国人一样，马航MH370航班失踪这么多天的消息一直牵动着我们中国科学家的心，期待上帝会给我们一个惊喜。在科技如此发达的今天，一架飞机居然就这么毫无声息地消失了，真的让人觉得匪夷所思。我们站在“决心号”甲板栏杆旁，也试图用肉眼来搜寻南海海域上的漂浮物。这个时刻很容易让人想起电影《泰坦尼克号》主题歌词“无论远近抑或身处何方……我心永恒”。在“决心号”周围有不少鱼群游弋，其中有些背上还有血红的伤口（可能是相互恶斗而致）。个别鱼还会翻转着“肚皮”游泳，其忽悠的表情让人想起“你懂的”这个近日的网络热词。我想，飞机会找回来的，总有一天真相会大白。南海成因的秘密也是如此：就像拼图一样，我们在南海钻探的成果结合其他科学资料，最终会一块一块地拼出南海演变的地质历史画卷！

3 月 24 日
“决心号”上幽静但没有被遗忘的角落

张传伦　同济大学海洋与地球科学学院教授*，从事地质微生物学研究。

张传伦在厌氧箱处理样品◎

“决心号”钻探船共有7层，最热闹和最繁忙的当属第6层的“岩芯层”，因为岩芯取上来在“猫步走廊”切割后首先进入这一层进行登记和临时存放。这一层也是大部分科学家工作的地方，包括岩性描述及化石鉴定等。大家忙忙碌碌地穿梭在不同的工作间，甚是有会战指挥部的气氛，而我们会战的总指挥李春峰和林间两位首席科学家也经常在此召集大家开碰头会或传达消息。

相比之下，我所在的第5层就显得偏僻和幽静。这一层是2009年新启用的地球化学和生物实验室，总共有115平方米左右。这么大的实验室大部分时间只有我、广州地球化学研究所的黄小龙博士（负责元素分析）和化学实验员3人工作，甚是安静。因为知道要在低温室（7—8℃）长时间工作，所以来之前特意到超市买了一顶东北边防战士帽。没想到它成了我每次和陆上视频连线介绍工作时的道具，效果甚佳。刘传联老师还特意为我照了张戴帽子的头像，我把它打印出来贴在低温室的门上，并在相片上方写上“‘决心号’上的塞北小屋”，每次看到它都给我紧张而又重复的工作带来一份放松和愉悦。

注：现为南方科技大学海洋科学与工程系讲席教授。

张传伦在地球化学与微生物实验室与同行科尔韦尔教授交接班时交流工作◎

尽管349航次的主要目的是了解南海海盆的构造演化和沉积过程，但微生物的采样却受到了优先照顾以保证样品的新鲜度。我和科尔韦尔教授分两班，他是白班（中午12点到午夜12点），我是夜班（午夜12点到次日中午12点），每到中午或夜里11点45分时我们碰头交接。值班时每听到一声“岩芯上来啦”，我或他就带好取样袋奔上6楼，在与岩芯值班人员商量后，马上取得长度在5—10厘米的完整岩芯带到生物实验室进行保存和处理。样品处理也是在低温室充满氮气的厌氧箱内完成，用灭过菌的铲刀剥去可能被污染的外层岩芯，然后把内部岩芯分装到4个50毫升的无菌塑料管内（其中3管马上在−80℃冰柜内保存用来做DNA和膜脂分析，另外一管在4℃冰箱保存用来做微生物培养和鉴定）。所有这些实验分析工作只能回到陆地实验室才能完成，而在船上的污染分析可以帮助我们确定应该分析哪些样品。

我还肩负着帮国内几位合作伙伴采样的工作，因此一个人从深夜忙到中午，对上面6楼发生的事情很难及时了解。幸运的是船上每一个人都非常热心，从来没有忘记在5楼的孤独的我。每次上去和大家一起分样时，总会有人帮助我打印样品标签或采样，他们在采集下一筒岩芯时经常下楼来提醒我。

“决心号”船上每个技术人员的敬业精神和认真负责的态度，都给我留下了深刻印象。微生物采样工作做起来比较苛刻和烦琐，不仅各种采样工具要灭菌，样品也需要在无污染环境中收集和保存，因此需要用到各种各样的试剂和材料，配合我工作的两位技术人员总是有求必应、及时提供我需要的东西，并在最短时间内回答我的问题。另外非常值得一提的是船上的摄影师比尔，不仅有着多年的摄影经验，而且帮助人做任何事情都充满好奇和激情。通过与他们相处，自己内心不得不叹服“决心号”多年来在大洋钻探工作中所形成的优良作风。

3月25日
话说南海深水海盆的沉积速率

李前裕 同济大学海洋与地球科学学院教授，从事古海洋学和有孔虫演化等研究。

随着349航次钻取岩芯的增加，在船上7位古生物学家和5位沉积学家的日夜努力下，沉积地层分析工作战果累累。其中既有不少“出人意料”之发现，也有一些“情理之中”、有章可循的新东西(见刘传联教授文章)。如刘志飞教授几篇短文介绍，南海深部既有动荡多变的时期，也有相对平静的时期。贯穿这两类不同沉积状态有两起标记性事件，一是大洋玄武岩基底上总是覆盖一层红棕色泥岩，二是红棕色泥岩之上才开始发育浊流沉积。这两套地层不仅产出有序，在不同站位它们的年龄也基本相同。前者主要发生在1600万年前后，也就是南海扩张停止时期；后者出现在八九百万年(地质年代为晚中新世)，我们推测这与南海弧后构造活动增强有关。这两套地层的前后贯穿，记录了南海深部环境演化的基本规律。

李前裕(右三)与船上部分同济大学教授合影◎

船上古生物学工作不仅给沉积物定年，也可以计算特定时间段里的沉积速率，用于考证沉积物的多寡和沉积环境的动荡或平静。沉积速率的计算方法其实很简单，如果不考虑沉积物之间压实作用的差异，将沉积物年龄除以地层厚度，就可得出特定时间段内平均每千年有多少厘米沉积物堆积。我们的初步结果发现，南海红棕色泥岩的沉积速率每千年小于0.5厘米，与当今世界大洋深处的红褐色远洋软泥相当(见刘志飞教授文章《南海深部远古的宁静世界》)。然而，南海浊流沉积速率可达每千年5—15厘米，是红棕色泥岩的10至30倍。这说明什么问题呢？红棕色泥岩与浊积岩截然不同的沉积速率，一方面说明南海扩张之后深水海盆可能在**热沉降**阶段存在

• 知识小贴士

热沉降：在温度梯度场内，颗粒从高温侧移向低温侧的过程称为热沉降。当含尘空气流经两个具有温度差的物体之间时，微粒会向较冷的物体移动，并沉降在较冷的物体上，作用于微粒上的力与温度梯度正相关，与它的绝对温度反相关。

长时间较稳定的氧化环境，另一方面也说明深水海盆的动荡环境只存在于近八九百万年的历史中。换句话说，深海浊积岩的出现标志着南海沉积中心开始由陆坡转向深水海盆，反映南海深部沉积过程的历史变迁。

大洋钻探计划184航次（1999年）曾经在水深3300米处的1148站位钻取岩芯，那时的研究显示南海形成初期的沉积速率达到每千年10厘米以上，代表了南海深水区早期的沉积中心，往后在近八九百万年以来却减为每千年2—6厘米。而我们的349航次在更深水处的站位同期的沉积速率却很快，这是否反映沉积中心向南海深部迁移呢？ 349航次的发现可以说是给了肯定的回答。

南海深水海盆作为沉积中心，在我们的第3个站位（编号U1433）表现得更加淋漓尽致。这里260万年以来的第四纪沉积物，钻前预测可能有180米厚，而钻后的古生物地层分析结果表明有340米，其中200米属最近100万年的泥质沉积，折算成平均

左上：不同浊积层的交界；左下：用于古生物分析的岩芯抓样浊积泥岩和红棕色泥岩；右："决心号"上看南海夕阳◎

• 知识小贴士

冰期-间冰期旋回：地球上曾发生过多次气候冷暖变化。气候变冷时陆地表面会出现大规模冰盖和山地冰川，这种发生强烈冰川作用的时期被称为冰期。相邻两次冰期之间，是气候温暖的间冰期。在冰期中又可划分出若干次时间尺度为10万年以上的亚冰期和亚间冰期，亚冰期还可进一步细分。气候的大幅度冷暖交替变化以及因此而造成的冰川大规模扩展和退缩的循环变化，就是冰期-间冰期旋回。

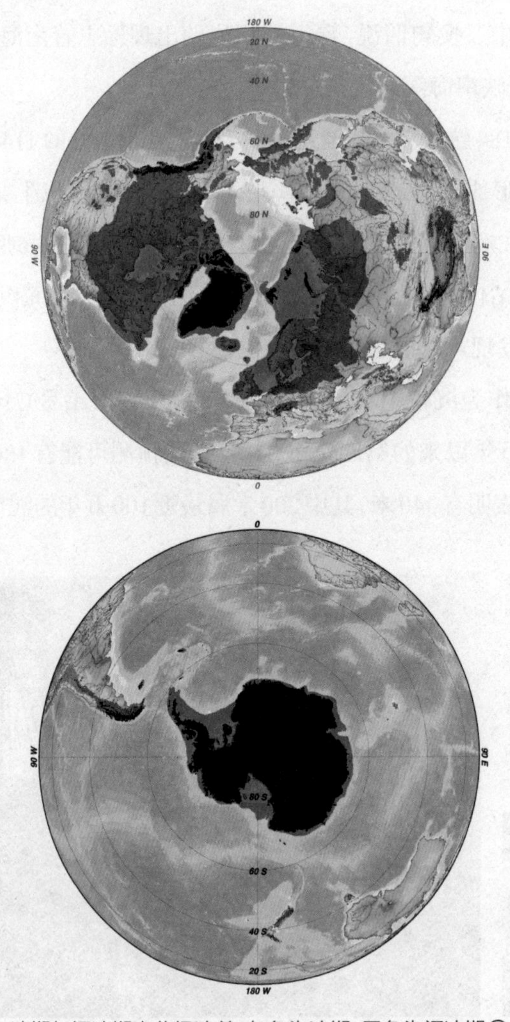

冰期与间冰期南北极冰盖，灰色为冰期，黑色为间冰期◎

沉积速率高达每千年20厘米，这是迄今为止南海深水海盆的最高沉积速率记录。为什么过去100万年中突然有这么多沉积物堆积到南海深水海盆中呢？我们大胆推测，这可能与所谓的中更新世气候转型有关。

距今约100万年前，地球绕太阳运行的主要轨道周期由4万年的斜率周期转变到10万年的偏心率周期，反映到气候上就是我们常说的**冰期-间冰期旋回**，一个旋回就是10万年。我们现在正处于间冰期，有高海平面；而末次盛冰期出现在1万年前，海平面比现在低约120米，那时地球上的好多水由于寒冷都变成冰，堆积在两极及高纬度地区，就像电影《后天》所展示的一样。而间冰期的高温高湿可能造成强烈的地表风化，形成大量松散泥沙。季风降水不仅加剧风化，而且加强了泥沙经江河搬入南海的过程。这些泥沙在间冰期海平面较高时一般被堆积于河口三角洲和浅水陆架区，而在冰期海平面较低时会直接被倒入陆坡区。同时，由于冰期南海的面积和体积双双变小，表层环流增强，会造成大范围的陆坡崩塌和泥质沉积物再悬浮、再搬运、再沉积，最终在深水海盆中部沉积下来。过去100万年中有10次这样的旋回，结果造成我们的第3个站位高达每千年20厘米的沉积速率，为我们探讨南海深水海盆演化提供了难得的证据。

3月27日 特别的“海上学期”

林 间 美国伍兹霍尔研究所资深研究员，同济大学讲座教授，从事地球物理学研究。

历时两个月的国际大洋钻探计划349航次，将于2014年3月30日圆满结束。在全船120多位船员、科研人员的共同努力下，本航次完成了南海东、西海盆5个站位的钻探，创造了多个学科的首次发现。此航次我有幸与同济大学李春峰教授搭档，担任共同首席科学家。两个月的时间很忙，也过得很充实，最值得欣慰的是我们在“决心号”这一特殊的“海上大学”实践、学习了三大课程：

林间在“决心号”上

（1）学习多专业综合研究：除了我熟悉的海洋地球物理和测井，海上专业团队还包括海洋沉积学、古生物年代地层学、古地磁学、海洋构造学、海洋化学、地质微生物学等重要专业。每个专业都有自己的特长和局限，都只能摸到“大象”的一部分，通过综合各专业的证据才能看到“大象的全貌”，讲出南海的大故事。每口钻井都有自己特别的小故事，洋中脊、海山、深海风暴、大洋红层等，各井的小故事就联成了一个生动的南海大故事。在船上，每天各专业组必作简报；每口井钻探结束时，各组又进行系统的总结。每篇专业报告都会送到我们共同首席科学家这里。通过审阅这些报告，我们对航次进展的整体轮廓与专业交叉有了深刻的印象。待一年“保密期”被解除后，这些原始的科学报告将成集出版，成为永久的科学记录。

（2）学习先进的科学钻探理念：第二课程也许是最特别，最值得留恋的，是从我的美国好友“私教”史蒂夫·米奇利先生处学到的。史蒂夫是本航次钻探的执行总监，每天清晨6点是我们特别的“咖啡时光”，探讨当天的钻探安排。每次我都有一大串问不完的问题,包括海上钻探的关键环节、科学钻探与海上油气打钻的区别、"决心号"的技术特点、如何预估和精确计算每天打井与取芯的时间进度、如何设计适合于不同岩层的打钻方案、如何反复进入同一口井、如何选择护井的套管、钻头被卡住时如何爆破、如何应变海上突发事件等。

深海钻探的工程技术远比我想象的复杂。一口井要用好几千米长钻杆,而井口直径只有几十厘米大小,就像在大海里精确地插一根吸管,需要准确的船泊动力定位,而且还需要不同口径钻杆的科学配套,轻的钻杆在下,重的在上,受力大的位置需要特殊钻杆等。钻井中要不停地冲洗管壁,将已打碎的岩屑微粒从井底冲到井外,这就像人体的血液循环一样重要。我们还讨论了如果新建一条现代化的海洋科学钻探船,可利用哪些新技术,以及新的防止井喷装置等。史蒂夫一家三代都是工程师,我觉得他天生就有工程师的基因。他考虑问题总有很强的专业意识,脑海中存储着大量可以随时调用的数据。他有着30多年在石油公司的各种钻探平台、不同岗位上的锻炼和积累的经验,是难得的人才!

(3) 学习"大兵团"科学作业:本航次的实施由三大部门协作。第一部门是科学家团队,共32人,分别来自世界11个国家和地区,包括中国、美国、法国、澳大利亚、瑞士、日本、韩国、菲律宾、中国台湾地区等,该部门由共同首席科学家领导;第二部门为技术团队,约26人,多数来自美国得克萨斯州农工大学,史蒂夫是这一部门的重要领

SIEM公司工作人员在处理岩芯ⓒ

全体工作人员合影◎

导人；第三部门是专业化的钻探公司SIEM公司，他们是本航次钻探成功的最关键部门，也是钻探的实施者，包括船长、大副、轮机长、钻井平台负责人、斯伦贝谢公司测井专家兼爆破员等共50人，该部门的领导人是萨姆·麦克利兰先生，他做事雷厉风行；此外，船上还有专业化的服务团队，共15人，负责船上所有人员的餐饮、生活起居等后勤保障。

大洋钻探这样一个“大兵团”作战的成功与否，取决于各部门之间的协调，以及各部门内部的协调，而顺畅的协调最关键的手段是沟通。三部门的领导办公室都在桥楼层。我们大声喊话时，其他办公室的领导都能听到。作为共同首席科学家，我们决定本航次的科学目标、钻井位置的优先度、钻井深度以及领导科学家团队。史蒂夫将我们的科学要求变为可实施的钻探方案，传达给萨姆负责领导的SIEM公司团队实施。岩芯上船后，技术部门负责分段、切片，然后交给科学家团队取样、测量、分析。因此，萨姆说得很到位，“良好的沟通才有成功的运作”，一旦各部门间或部门内的沟通不畅，我们就会碰到麻烦，也许这是我从本航次中学习领导“大兵团”作战的最深刻体会。同时，中美双方岸上的各重要部门为本航次的成功提供了坚强的后方保障。

我感谢这个难得的机会参加了一次特别的“海上学期”。我将怀念船上的众多老师、好友们，希望在不远的将来，我们能再次相会，共同探索世界深海大洋的更多奥秘。

3月30日
同舟共济 寻梦南海

同济大学海洋科学家团队

一艘蜚声国际的大洋钻探船，一支122人组成的国际团队，64个日日夜夜，我们同舟共济，寻梦南海！

同济团队在“决心号”钻探船上合影
左起：李前裕、李春峰、赵西西、林间、张传伦、刘志飞、刘传联◎

我们实现了与南海大洋玄武岩的第一次“亲密接触”；

我们探寻了南海“母亲海”的“芳龄”；

我们感受到了南海深部的“动荡”和“宁静”；

我们为南海演化的历史画卷进行了“编年”；

我们解密了埋藏在南海深部的磁性“条形码”；

我们试图揭开南海深部微生物世界的“神秘面纱”；

我们有许多“出人意料”又在“情理之中”的发现！

2014年3月30日早上7时，“决心号”载着丰硕的成果，缓缓驶入美丽的基隆港，完成了她的南海349航次之旅。

这是一次成功之旅。整个航次在南海中央海盆深水区5个站位共钻进4316.7米，取芯深度2506.3米，获取岩芯1602.83米。最深站位水深4379.4米，最浅站位水深3252.5米。在船上工作的日日夜夜，我们“同济团队”的7位老师奋战在“决心号”的各个研究实验室。我们中有两位航次共同首席科学家，有地球物理学、沉积学、微体古生物地层学、古地磁学、地质微生物学等学科的专家。我们用各自的专业知识解读南海数千万年以来的历史演绎。我们通过多学科的联合攻关，获得一次次的发现，一次次的解惑，让我们深感科学钻探的诱人魅力。身处在这艘国际海洋科学研究“航母”之中，我们深深地体会到了国际大洋发现计划40多年来经久不衰的强劲动力。南海大洋钻探发现带来的喜悦和兴奋也不断激励着我们为实现“海洋强国”的中国梦而不懈努力。我们在紧张的研究工作之余用“手记”的形式记录自己的所见及所想，并与同济大学师生和社会公众共同分享南海深部的奥秘。因此，在航次的最后，我们再次与您分享航次感言。

李春峰：两个月紧张的海上研究，又一次体验了科学发现的精髓，那就是不断期待，不断探索。这个由中国科学家主导的由10多个不同国家和地区不同专业的科学家通力合作、不分昼夜而完成的科学成果，即将载入南海和海洋科学研究的史册。此时真正为祖国富强而自豪，也为同济团队的杰出表现而自豪。航次结束前，收到了我太太顾萍女士的邮件：“我写的小结怎么样？科考数据的完整性，科研的方向与科技力是密切相关的，同时也包含了无限可能性。本航次秉着探索南海年龄的科考目的，在遇到技术性难题时，凭借科学家们多年的工作经验，迅速调整方案，由原来的3个站位增加为5个站位，从纵向比对改为横向求证。本次科考留下的遗憾，希望下次能由中国的科考船弥补。”向来不太关心自然科学的她，居然能够写出这么完美的评价，让我感触很深，看来航次的实施也真正起到了相关的科学普及作用。

李前裕：这是我的第三次“决心号”航行。前两次分别是参加澳洲南部冷水碳酸盐的182航次和墨西哥湾沉积物的308航次。每个航次都会有新的成果，发现新的东西。参加南海349航次的激动心情并没有像前两次那样，随着日夜工作的紧张而消减。主要原因当然是为中国人自己设计、自己主导的大洋钻探航次而自豪，另外也庆幸自己有机会去老家门口的南海参加深海科学考察。我的老家就在南海边上，海南岛东部的博鳌镇旁，小时候就时常在岸边捡贝壳、听大人们讲海龙王的故事。长大之后当然知道不存在什么海龙王，但第一次听说南海和太平洋是有年龄时还是惊讶不已。后来，随着海洋地质专业知识的学习和海洋生物的研究，古今海洋的知识慢慢跟自己的职业联系起来，我也开始为南海扩张演化历史定年了，总觉得不可思议。孩童时的海龙王没有了，但大洋里的众多奥秘还依然存在。我们钻取的岩芯就是南海生长的记录，这些记录会提供南海这个西太平洋最大边缘海的演化信息。作为一名船上科学家，我为自己骄傲，更为我们这个时代骄傲。

林间：此次南海钻探是我们追求深海大洋奥秘的一章，也是我感触最深的一次出海。海洋为我一生所爱，可能有两个原因。我小时候在东海之滨的福州城长大，“下南洋”、进海校已经是多少年的乡俗了。祖父当年就靠他舅舅的介绍，去了黄埔海军学校修“舰长班”谋生，后来解甲归田。也许我出生时就带了点“海洋”的基因。真正让我对深海大洋心动的，还是在美国布朗大学读博士的时候。那时我正在研究太平洋下地幔对流的理论，第一次接触到了三维的彩色洋底地形图：大洋中脊、海底高原、海沟深渊，无一不令人惊叹！我开始意识到，深海大洋才是现代科学的处女地，这里才叫“前无古人”！世界上最大的地震、海啸都发生在深海，地球热量的三分之二在海底散发，而且海底生活着与陆地上光合作用不同的、由**化能合成作用**支持的生命！这么好的科学问题为何不去探索？这些年来，我在美国的科考船上担任过多次首席科学家，也在中国“大洋一号”上担任过美方首席科学家，但此番国际大洋钻探航次在政治、技术上所遇到的复杂性远超过我过去所有的航次，这是对我们领导国际“大兵团”作战能力的锻炼！我将珍惜与李春峰老师搭档的经历，任共同首席科学家的时光。你、我一起经历了成功的喜悦、失败时的困惑、现在还不能说的故事，还有那每天改不完的报告！航次的科学家朋友们，我们很快就要各奔东西，去追求下一个科学梦想。但我们在南海这62个同甘共苦的日夜将永存我心！

航次首席科学家李春峰（左）和林间（右）合影◎

• 知识小贴士

化能合成作用：一些细菌等自养生物通过将无机物分子（如氢气、硫化氢或甲烷）氧化，再利用氧化获得的化学能将一碳无机物（如二氧化碳）和水合成有机物的营养方式。这种营养方式与利用太阳光作能源的光合作用的营养方式是不同的。

刘传联：南海真可算得上名副其实的“海底地质公园”！她不仅有高耸“出海”的岛屿，而且有深藏不露、奇秀无比的海山；在海山之间既有险峻的峡谷，也有平坦的海盆；峡谷之间可能有“浊流”涌动，海盆中间也许撒满了“钙质超微化石软泥”或“有孔虫软泥”；或许在海山上有一条崎岖小道，从山脚往上走，你可能会看到“火山角砾岩”和“火山凝灰岩”，最后你可能就会看到枕状的“玄武岩”。但这种玄武岩只是“海山玄武岩”，真正的“大洋玄武岩”你是无法看到的，因为它深埋在上千米的沉积物之下。怎么办呢？在“南海海底地质公园”内有一“岩芯博物馆”，这里展示了南海大洋钻探计划184航次和国际大洋发现计划349航次所有的岩芯，你可从中尽情领略和欣赏南海3200万年以来的风云变幻、沧海桑田！如果您觉得还不过瘾，还可以选择乘“蛟龙号”载人潜水器下潜，来个“南海海底地质公园一日游”，前提是你能付得起昂贵的旅费并且具有承受高压的能力。在“蛟龙号”载人潜水器里面，您可以从窗户看到在深海海底覆盖着“大洋红层”沉积，其上面可能有“锰结核”；您如果幸运的话，可以在“锰结核”之间找到鲨鱼牙齿的化石。再往前走，你可能会看到“**海底冷泉**”和其附近稀奇古怪、色彩斑斓的生物。“南海海底地质公园”真是美不胜收！要问有多美，欢迎参加下一次南海大洋钻探之旅！

• 知识小贴士

海底冷泉：一个洋底的区域，是硫化氢、甲烷和其他碳氢化合物丰富的流体渗漏发生的地方。“冷”并不意味着这里的温度比周围的海水低。与此相反，它的温度通常稍高。冷泉构成的生物群落支持多种特有物种。

刘志飞：国际大洋发现计划及其前身历时40多年，是地球科学界规模最大、影响最广、历时最久的国际合作计划，为何大洋发现计划有如此顽强的生命力？整个航次中，我一直在思考这个问题。349航次是我第二次参加大洋钻探航行，我的体会颇深，可以用“制度管理、行为自觉”来概括。“决心号”钻探船有一支素质、能力和纪律极高的技术队伍，从软件设计、岩芯流转，到仪器管理和操作，甚至是照相和报告编辑，都极为熟悉。任何疑问和困难，只要向任何一位技术人员提出，就能即刻得到解决；即使是软件出现问题，程序员也会立即当面解决。他们保持极高效率，始终坚守岗位，体现出一种高度的责任感，这使其业务能力得到最大程度的发挥。其背后是严格的制度管理，违反制度将直接导致降薪甚至解除聘约，这是一种真正意义上的“制度

管理”。每天与技术队伍并肩工作的是科学家队伍，这是由来自各个国家的研究人员组成的队伍，层次和经历差异较大。这支队伍基本上没有制度约束，但能够自觉地通过协同合作开展研究，包括岩芯描述、采样、化石鉴定、成果汇报、报告撰写等。每位科学家都有各自的兴趣和使命，有时在某个领域会相互冲突，有时对某项重要内容无人涉及，但都无大碍。这支队伍就通过“行为自觉”来推进科学钻探，将“科学驱动是大洋钻探生命力”表现得淋漓尽致。大洋钻探航次建议书通过层层评审和筛选，凝练出最前沿的科学问题；航行科学家经过各成员国挑选和推荐，通过他们的“行为自觉”来实践钻探科学目标，加上“制度管理”的技术保障，使大洋钻探的生命力经久不衰。这些都是值得国人借鉴的精华。

张传伦：我刚刚涉足南海生物方面的研究，还从来没有参加过任何在南海的科研航次，因此上船之前特别憧憬船上的一切。虽然最近几年受汪品先院士领导的南海大计划的激励，有了一些关于南海深部生物地球化学过程的想法，但毕竟是纸上谈兵，认识不深刻。349航次给我提供了雪中送炭的机会，让我补上了实践这一课。两个月下来，可以说是满载而归，不仅对南海的构造演化和沉积过程有了直接的了解，对南海大计划中所提出的骨头（构造）、肉（沉积）和血液（**生物地球化学**）之间的关系也有了更具体的认识。这次大洋钻探航次更丰富了我的海洋阅历，可以自豪地告诉大家我不再是一个旱鸭子。另外一定要说的是我们同济大学的几位老师之间的兄弟感情使得“同舟共济”有了特殊的含义。这不仅体现在大家有事商量、互相帮助和照顾，更是形成了一种代表同济精神和维护同济荣誉的共识。这种共识有时体现在小小的巧合上，比

• 知识小贴士

生物地球化学：一门研究影响自然环境组成的化学、物理、地质和生物过程的科学。生物地球化学所研究的自然环境包括生物圈、冰雪圈、水圈、土壤圈、大气层和岩石圈。它主要研究化学元素在地球的循环，比如碳循环和氮循环，同时研究这些元素和生命之间在地球上的相互作用和结合。

如刘传联老师和我名字发音很近（Chuanlian 和Chuanlun），老外们经常把我们搞混，刘老师过生日时他们向我祝贺，也有人热情地提醒我说签名签错了地方。这时我会自豪地告诉他们“That is my brother Chuanlian（那是我兄弟传联）”。

赵西西：我感到349航次在公众科学普及互动方面创造了新纪录。在过去的两个月中，中外科学家利用现代社会传播工具，开展了60余次船岸互动活动，向中国、美国、法国、英国、西班牙、澳大利亚、菲律宾、巴西等国进行科普宣传，对象下自幼儿园的小朋友，上至中科院院士，每场次的观众最少2人，最多达300人。此外，还与当时正在夏威夷召开的美国地球物理学会海洋年度大会现场进行了网上互动。除了船岸互动，科普方式还包括在“决心号”网站，私人博客等渠道发表图文，各项活动富有生机，可谓是一次社会大科普。以往航次，虽然配有专职的科普人员，但通常整个航次也只有不到10次的科普活动，且缺乏互动。通过本航次的各种科普活动，航次科学家不仅学会了以非专业的语言向大众传播科学，还相互了解了研究方法和仪器性能等。以钻探船和实验室为舞台，以科学家和学生为主角，以科普为内容，在没有任何剧本的情况下，现场直播，让公众加深了对科学研究的理解。学生们的提问、明亮的求知眼神，以及他们的掌声，都是对我们工作的最好鼓励和嘉奖。尤其是同济大学的师生，举起“同舟共济”“老师们辛苦了”等大幅标语，让我们顷刻间觉得所有的辛苦都消失得无影无踪。我希望中国的科学考察船也建立像“决心号”的科学互动方式，使科学普及工作具有鲜活的生命力和浓厚的社会性，一方面推动科学走向社会大众，另一方面也鼓励科学家努力创新，推动我国海洋科学走向更加成熟和自信。

第二部分

IODP367 航次

2017年2月7日—4月9日

3月8日
南海深海钻遇砾石层

刘志飞　同济大学海洋与地球科学学院教授，从事海洋沉积学、古海洋与古环境研究。

刘志飞（左）教授在“决心号”钻探船上与黄小龙研究员（右）讨论砾石的成因

古碎屑流沉积Ⓟ

南海第三次国际大洋发现计划IODP367航次，经过整整一个月的深海钻探，将于今天完成第一个站位U1499的钻探任务。这个站位的钻探带来了以往研究没有想象到的重大发现，尤其是在最近的一周，当“决心号”钻探船在3760米水深的海底以下930米处钻遇厚层砾石时，船上和岸上的科学家产生了无限的遐想，这里曾是深海峡谷吗？甚至是当时陆地山脉的峡谷吗？

呈现在船上科学家面前的是一颗颗深灰色的砾石，大小在2—3厘米到10多厘米，我们平常称为“卵石”或“鹅卵石”，这是一种在非常强的水动力条件下才会形成的沉积物。比如，在陆上峡谷的河流中，暴雨冲刷两岸，就会在河床中形成大小不一的砾石；在紧邻山区河流的浅海中，可以由山区河流直接将这样的砾石搬运到海洋中沉积；在深海峡谷中，由浊流或碎屑流也可以将上游的砾石搬运到深海峡谷中堆积。这些砾石虽然成分有所区别，但它们都是早期形成的砂岩或粉砂岩。根据其成岩和变形程度来判断，估计至少是1亿年前形成的沉积岩，经过再剥蚀和再搬运而形成。目前，这些砾石都保存在南海的深海海底，喻示了南海在当时的地质历史时期曾发生过重大的构造运动。

由于砾石都是或接近球形，大小不一，质地坚硬，这给钻探取芯造成了很大困难。因此，“决心号”钻探船虽然有每根近10米长的取芯管，但每次仅取得不到1米长的岩芯，有时花近10个小时才能取到几十厘米厚的砾石，而大部分砾石层可能在钻探时被磨碎或被泥浆冲走，这样我们仅能依赖钻取到的为数不多的砾石来判断。尽管这样，包括我在内的船上沉积学家，判断这无疑是很厚的砾石层，截至钻探停止时累计算起来有150多米厚。而根据地震剖面推测，这个砾石层可能有300多米或更厚，但“决心号”已无法将其钻穿。

这么厚的砾石层已足以让国际学术界惊讶！无论从以往的研究积累，还是钻探前的科学预测，都没有想象到南海深海海底1000多米之下还存在这个砾石层。根据钻探地层形成的地质年代判断，这个砾石层可能是南海开始形成时的构造运动产物，将对回答南海在数千万年前开始张裂时的构造背景，提供至今最佳的研究材料。

南海IODP367航次钻取的砾石

经历近50年发展历史的国际大洋发现计划(DSDP/ODP/IODP,见附录),通过在全球海洋钻探取芯研究地球演化历史,取得一次又一次重大突破,是20世纪以来地球科学发展的重要支柱。这些成果的取得包括对钻探前的科学预测的验证,也包括大量没有预测到的重大科学发现。IODP367航次在南海深海钻遇数千万年前的砾石层,就是没有事先预测到的钻探发现,必将给南海构造演化研究带来新的突破。

3月9日
海上课堂（一）

李 丽 同济大学海洋与地球科学学院教授，从事有机地球化学研究。

春节刚过，我和我们同济大学海洋学院的刘志飞、易亮两位老师就已赶到香港，参加历时两个月的国际大洋发现计划367航次。这是以我国科学家为主导的第三次南海钻探，也是我第三次“踏入”南海，但来到号称深海研究领域的“航空母舰”的“决心号”还是第一次。

李丽在船上实验室

2月13日，在徐徐微风中，“决心号”起航了，我们特别的海上课堂也开始了。经过第一天颠簸的航行后我们到达第一个站位，随着“决心号”停在U1499站位，开始时的晕船和不适随之消失。我被安排在地球化学实验室，主要进行岩芯顶空气体，沉积物碳酸盐、有机物和**孔隙水**的分析工作，同组工作的还有中国科学院广州地球化学研究所的陈毅凤和美国杨百翰大学的迈克尔·多拉伊丝。

• 知识小贴士

孔隙水：主要存在于松散沉积物颗粒间孔隙中的地下水。在堆积平原和山间盆地内的第四纪地层中分布广泛。沉积物中的孔隙水可用于指示沉积环境。

紧张的工作

当第一管岩芯上岸后，紧张的工作也开始了。我们需要在岩芯上岸切割后，迅速取一小瓶样品装入玻璃瓶中密封，经加热后在船上实验室内气相色谱仪上检测顶空气体含量和成分，这是岩芯上船后需要首先采集测量的参数，是钻探过程中非常重要的参数，刚开始的两天，航次项目经理亚当时常过来询问我们情况；每天中午的两班交接例会，我们也会汇报甲烷气体的检测结果，确保钻探的安全性。

与顶空气体同时采集的还有孔隙水样品，样品采集后我们立即返回实验室，迅速剐去外表可能受到海水影响的沉积物四周，放入设备中压出孔隙水。这项工作贵在快速，否则海水会侵入岩芯影响孔隙水的实际组成测定。而在后期随着钻探方式改变需用海水冲洗钻取过程产生的岩屑时，快速处理尤为重要。钻取上来的岩芯浑身都是宝，剐下的泥样也不能随便丢弃，要放入样品袋中，贴好标签，供今后使用。为防止孔隙水放置后成分可能的变化，我们也会尽快测定其碱度、pH值、盐度以及主要微量元素等，了解沉积早期的生物地球化学过程。钻探初始每两个小时一个岩芯，往往

岩芯上船◎

是这个岩芯的工作刚刚结束，下个岩芯就到了。而一个站位的钻探结束时，就意味着数据的总结报告要开始了。

理论和实践

随着取样深度的增加，孔隙水采集量减少，我的工作转移到碳酸盐和元素分析。在这里有个有趣的事。沉积小组在对一些岩芯的岩性的判断上出现分歧，刘志飞老师凭经验观察认为是黏土，而几个刚毕业的欧美博士根据薄片观察认为是碳酸盐生物软泥，双方争论不休，最终我们的碳酸盐数据证实了刘老师说法的正确。后来刘老师解释，因为他们涂的薄片很薄（一般教科书都强调薄），而黏土很细，在显微镜下呈透明状，因而主要观察到的是较粗的生物碎屑，若没有经验很容易判断失误。看来欧美学生一样会犯过分相信教科书的错误。任何时候理论和实践相结合才能得出正确的结论。本次第一个站位U1499的钻探工作，何尝不是需要理论、实践相结合呢？原先根据地震资料判定的基底界面，实际是沉积层和砾石层的分界面，而这层未曾预料到的砾石层到底有多厚，因为钻探难度过高，钻探无法推进而停止，也给我们留下了一个未解之谜。这其实也不算坏事，一方面钻探采集的各种数据将更好改进我们对地震资料的认识和解释，另一方面也促使我们思考这层厚厚的砾石层又是如何埋藏在这千万年前的南海呢？或许又会带来新的发现。科学不就是这样在一次次的实践-理论-再实践-再理论中不断前进的吗？

大开眼界

“决心号”不愧为深海研究的“航空母舰”，不仅配有先进的采样平台，针对不同沉积采用不同的钻探方式，如活塞取样、延伸钻杆取样、旋转钻杆取样，同时还是一个大型的海上移动实验室，配置有从岩芯上船后进行的各项全岩物理参数测试（如磁化率、密度、纵波速度、温度、自然伽马放射性等），到刨开后进行的岩芯拍照、描述、扫描、颜色反射率检测等，以及对样品取样测定其干湿密度、孔隙度、古地磁、X射线衍射、涂片、地球化学分析、古生物以及测井等各类仪器设备。

这次U1499站位不仅应用到3种采样技术，得到的岩芯也堪称沉积学的教科书。从上层连续的灰绿色深海黏土层到富含微体化石的软泥，不同类型的生物地层，粉砂、沙质沉积以及反映滑塌事件的碳酸盐地层，到620米以下随成岩次生作用加强开始出现的深绿到深灰色、固结程度不一的泥岩、粉砂岩或更粗的砂岩；以及750米以下细腻的深褐色泥岩，俗称“大洋红层”；而从930米以下岩性又发生重大变化，出现了结核以及我们常见的大小不一的青色、黄色砾石（成分多是砂岩）。而且在不同的地层中往往还夹杂着或宽或窄不同岩性的条带，以及石英、云母、长石等矿物碎屑或有孔虫、超微化石等生物碎屑，实际的颜色也远比我描述的丰富，组成了一幅美丽变幻的沉积卷轴。每次“Core on deck（岩芯上船了）”响起时，大家不约而同聚到甲板，期待这次又会出现怎样的惊喜。

以往我们只拿到分析所用的样品，即使有岩芯的扫描照片，也较少关注沉积演变的全貌，这次特别的海上课堂，不仅让我亲历深海岩芯钻探，了解深海钻探工作的复杂性，也让我与船上来自五湖四海、不同研究方向的国际学者共同体验了南海千万年以来复杂多变的沉积演绎。

回想自己2003年来到同济，涉足南海，研究的样品就来自汪品先老师担任首席科学家的首次南海大洋钻探184航次，虽然在本航次之前自己也曾申请过参加国际大洋发现计划航次，因为各种原因那个航次被取消，我的IODP首航还是留给了南海，也许这就是缘分。在“决心号”的首席工作室、在微体显微镜前、在超微小屋、在热闹的岩芯实验室，看着前辈老师们曾经工作过的地方，深深感受到他们的努力、追求和奉献，也激励着我们不断前行。虽然已是深夜，甲板上钻井平台的起吊机仍在轰隆隆地响着，钻探在继续，特别的海上课堂在继续，对海洋的探索更在继续。

3月10日
浮游有孔虫讲述的南海神话

黄宝琦　北京大学地球与空间科学学院副教授，从事海洋地质学、古海洋与古气候研究。

地球上的每一个物种都有属于她自己的分类位置和一个美丽的拉丁文名字。浮游**有孔虫**属于原生动物门的肉足虫纲，她们很小，小到用显微镜才能看到；她们又很大，默默地记录着地球沧海桑田的变化。

黄宝琦在实验室中

每一个浮游有孔虫属种都有自己的生命曲线，出现、繁盛，最后从地球上消失，长的可达数千万年，短的只有匆匆几

• 知识小贴士

有孔虫：属于原生动物门，肉足虫纲，有孔虫目，为原始的单细胞动物，大小一般在1毫米以下，最大可达110毫米。有孔虫可以分泌钙质或硅质，也可以由分泌物胶结外来颗粒构筑壳体，有些有孔虫则只是一团有机质而无外壳。有孔虫主要以藻类、细菌和节肢动物幼体为食。根据生态类型，有孔虫分为浮游有孔虫（漂浮在海洋的上部水体中）和底栖有孔虫（生活在沉积物表面附近），其中底栖有孔虫的出现最早可以追溯到5亿年前，而浮游有孔虫则在侏罗纪时才有地层记录。在有孔虫的演化历史中，石炭纪到二叠纪的蜓，始新世的货币虫及新生代以来的某些浮游有孔虫都是地层划分的标准化石。上新世，尤其是第四纪以来，有孔虫在海洋沉积物中广泛存在，且保存良好，已经成为古海洋学及古气候学研究的主要材料。

有孔虫◎

十万年。不论长短，在海洋中出现过，就可能会在海洋的沉积物中留下痕迹。有孔虫生物地层学就是通过有孔虫不同属种出现和消失的时间来确定沉积物的年龄。比如一种叫红拟抱球虫（*Globigerinoides ruber* pink）的浮游有孔虫，科学家们研究发现，这位美丽的小姐在南海-印度洋-太平洋海域最早出现的时间距今大概40万年，而12万年前，她莫名消失。她生活的时候有着粉红色的碳酸盐质的外壳，美丽的颜色可以一直保留到被我们再次发现。有孔虫如此演化，背后主要的推动者是不停变化的海洋环境。新生代以来，浮游有孔虫种类繁多，那些特征明显，演化迅速的种类被广泛应用于有孔虫生物地层学的研究中。

几乎每一个大洋钻探的航次上，都有几位兢兢业业的有孔虫专家，他们每天在样品处理室和显微镜间忙碌，在显微镜下找到那些被广泛应用的地层属种，快速判断沉积物年龄，为所有其他方向的研究提供最基本的年代框架。这次的南海IODP367航次上，3位来自中国和日本的有孔虫研究者，经过近3周的日夜忙碌，显微镜的放大倍数从10倍到20倍、30倍，最后达到80倍，在显微镜下与有孔虫的一次次对话，最终展开了南海U1499站位近3000万年以来的地层画卷。

黄宝琦与日本科学家讨论◎

在一套时代不明的砂砾岩之上，各种小巧精致的有孔虫粉墨登场。一粒尘埃大小的有孔虫在80倍的显微镜下，就像一个可口的奶油冰激凌（*Tenuitellinata juvenilis*），她在南海最早出现的时间大概在3000万年前，一起登场的还有“小麦穗”(*Chiloguembelina cubensis*)，她们生活的年代，南海深海动荡不堪，我们甚至不知道她们来自何处。当年一起生活的成千上万的小姐妹，埋藏后真正保存在地层中，又恰巧被我们发现的，只有寥寥几枚而已。

沉积物样品处理◎

过了大约800万年，又一种有孔虫(*Dentoglobigerina globularis*)在南海的沉积物中闪亮登场，她比“小麦穗”和“冰激凌”壮实很多，看起来圆圆滚滚的煞是可爱，可惜不知道她从什么时候在南海出现，我们只看到了2198万年前她离开南海的最后一抹身影。

那时的海底中氧气充足，原有的黏土矿物被氧化成漂亮的红色，白色的有孔虫成千上万点缀其中，取10克的沉积物，磨碎，倒入双氧水在加热板上加热至少2小时，边加热边搅动，最后就成了一碗浓浓的“巧克力奶”。再用孔径为63微米的筛子过滤，更多更大的有孔虫(*Globiquadrina binaiensis*, 19.3—19.03百万年前)就呈现在显微镜下，她们表面粗糙，个体大，特征明显，在地层中一闪而过，却成了有孔虫专家进行生物定年的最好材料。

穿过红层，南海似乎平静了许多，沉积物取到200克，洗掉粉砂后，除了亮闪闪的云母片，找不到有孔虫的踪迹。接下来的南海，沉积环境再次变得动荡，原地的深海粉砂和黏土中夹杂着不知何处而来的浅海细砂、粉砂和泥，各种组分你方唱罢我登场，进一步增加了生物地层研究的难度，研究者在显微镜下艰难寻找有效的有孔虫地层标志种。

转瞬间地层进入晚中新世到上新世，有孔虫种类迅速发展，精致的*Globorotalia limbata*，小丑笑*Sphaeroidinellopsis seminulina*，高冷的*Globoturborotalita nepenthes*，贵妇帽*Globigerinoides obliquus*纷纷登场，为生物地层定年提供了更多的可靠资料。

3周1100米的沉积物，在有孔虫专家的努力下，近3000万年的沉积历史渐渐展开，细细述说着南海深海演化的神话。

3月20日
南海的超微世界

苏 翔 中国科学院南海研究所助理研究员，从事古生物学、超微化石研究。

苏翔在实验室

在浩瀚的海洋世界里，生活着一群非常特殊的单细胞浮游藻类，它们漂浮在200米以浅的上层海水中，依靠光合作用生活。它们很小，直径从几微米到几十微米，要用高倍显微镜放大1000倍以上才能看清；它们数量很多，平均1升海水中就有成千上万的兄弟姐妹；它们的生命周期很短，一般从几天到数周不等。然而在这短暂的生命里，他们能分泌许多圆盘状的碳酸钙“骨骼”，一片一片包裹在身体外面，像穿上了一套盔甲。这种微小的“骨骼”被称为颗石，这种藻类被称为颗石藻。

当颗石藻细胞消亡之后，这些承载着颗石藻生命及环境信息的“骨骼”颗石会慢慢沉降在大洋深处，逐渐变成化石长久保存下来。我们将这类微小的碳酸钙质化石称作“钙质超微化石”。

1836年，德国自然学家克里斯汀·戈特弗里德·埃伦伯格在波罗的海吕根岛白垩纪灰岩中第一次发现了钙质超微化石。之后随着深海钻探、显微镜技术的发展，钙质超微化石在海洋地质学界越来越受到重视，在生物地层鉴定与古海洋学研究中发挥重要作用。由于钙质超微化石具有演化快、分布广、全球可对比性好、样品制作简单、鉴定速度快等其它定年手段无法比拟的优点，使得钙质超微化石地层鉴定成为中、新生代海相地层鉴定中最为实用和可靠的方法之一。这一点在已经运行了近60年的国际大洋发现计划及其前身计划中体现得更加明显，凡是与钻探沉积物有关的航次，从两极到赤道，无论开放大洋或边缘海，都需要钙质超微化石专家上船开展工作，鉴定地层年龄。

钙质超微化石◎

目前正在进行的第三次国际大洋发现计划367航次上，钙质超微化石生物地层鉴定同样发挥着不可替代的重要作用。这个航次上钙质超微化石鉴定工作由我和意大利帕维亚大学的克劳迪娅·卢皮承担。2月15日上午，该航次第一管岩芯成功钻取，当全船人还在为这一时刻兴奋不已、不停拍照讨论的时候，我和我的同事已经从岩芯的最底部钻头样品中用牙签挑起一点沉积物，涂片、封片固定一气呵成，仅仅几分钟时间就制成了超微化石玻片，放在显微镜下进行鉴定。我们所要寻找的超微化石是地层标志属种中最年轻的小辈——*Emiliania huxleyi*，她29万年前出现在海洋中并一直延续至今，由于个体很小（3—4微米）且结构简单，需要一定的耐心和细心才能鉴定准确。经过几番对比查看后，可以确认*Emiliania huxleyi*就静静地躺在样品中，也就肯定了第一管岩芯是小于29万年。

随着钻探的深入，我们观察到的超微化石也在慢慢变化，向我们展示岁月和环境的变迁。这里钻探水深3700多米，在这个深度，碳酸盐极易溶解、很难保存，钙质超微化石自然受到很大影响，保存状况很不好，很多化石都不完整。然而从第6管岩芯开始，超微化石一改之前的姿态，各个结实饱满，而且数量非常多，显微镜下都是密密麻麻的超微化石，完全没有溶解的迹象，化石组合也从之前的四五十万年跳到了两三百万年。我们耐着性子继续往下钻，这种现象又持续了5管岩芯，直到第12管岩芯才恢复成之前的状态，超微化石指示的年龄也回到了七八十万年前。这种新-老-新的地层年龄在正常沉积过程中是不可能出现的，然而化石不会欺骗我们，这里一定发生了一次“翻天覆地”的大事，彻底改变了超微化石的面貌。任何科学结论都需要证据佐证，直到船上沉积学家切开岩芯后，才证实了我们的假设。中间这6管岩芯是与上下完全不同的富含有孔虫和超微化石的白色钙质软泥，说明这里发生过一次大的滑塌事件，这些沉积物是从其他地方整体搬运堆积在这里的，由此，我们心中的疑惑也得到了解答。

钻探继续进行，超微化石的世界也渐渐丰富起来，个体差异越来越大，既有2—3微米的小网床石（small *Reticulofenstra*），也有直径20多微米的盘星石（*Discoaster*），从圆形、椭圆形到五角、六角星形等等，不胜枚举。作为新生代地层超微化石的主角，盘星石类以其独特的造型吸引着大家的眼球，他们大多呈星形，从3个角到7个角不等，有胖有瘦，有大有小。每个属种就像一个武林门派，组成了一个偌大的江湖，各个门派从创立到兴盛再到衰落，在历史舞台上轮流坐庄、占据主导，你方唱罢我登场，好不热闹。我们从镜下看到的也不再是枯燥的一枚枚化石，更像是在精心品读一部悬念频出、剧情跌宕起伏的武侠小说。每一部小说都会在结尾达到故事的最高潮，我们这部地层小说亦是如此。

我们在大约距今2300万年的地层之下发现了一段颜色、岩性高度变化的沉积层，其中既有红色的泥岩，又有灰绿色的角砾岩，还镶嵌着一颗颗黑珍珠般的**结核**，五颜六色、绚烂夺目。而超微化石所指示的地层年龄更是复杂，短短几米的沉积物，时间跨度有近1000万年，化石保存状况和组合变化都很大，而在这套缤纷的沉积之下是大段的砾石层，从中再也找不到一枚超微化石。这就像是众多门派齐聚一堂的武林

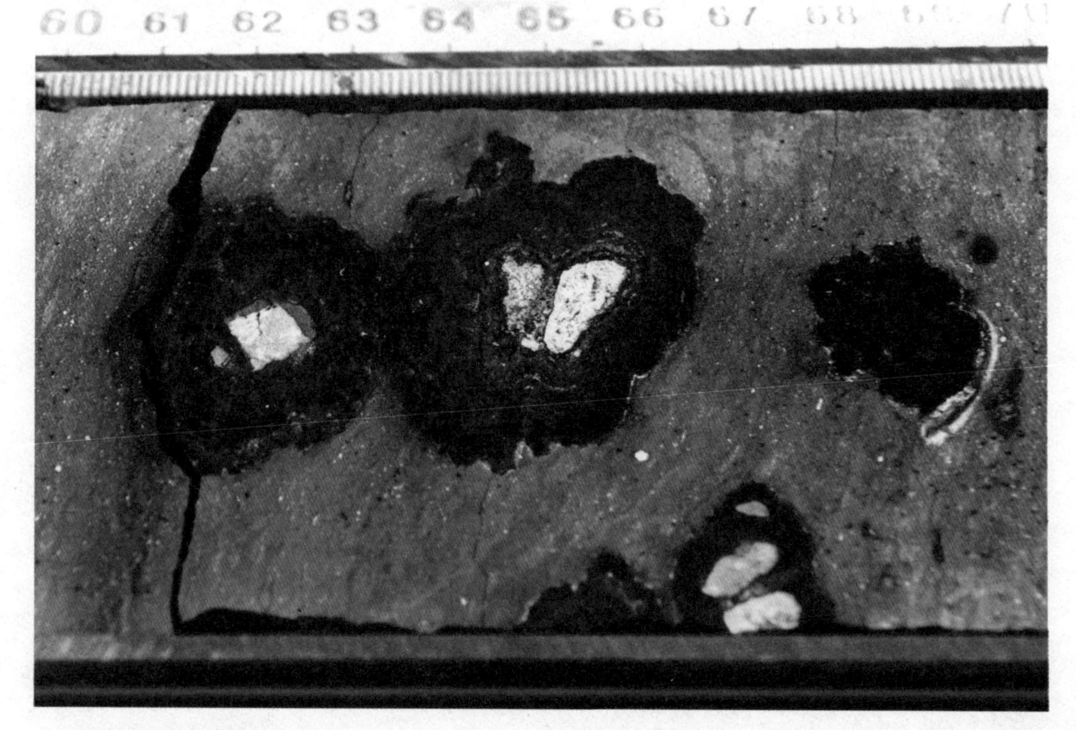

U1499钻孔岩芯中的结核

• 知识小贴士

结核：在成分、结构、颜色等方面与围岩有显著区别，且与围岩间有明显界面的矿物集合体。结核的成分有碳酸盐质、锰质、铁质、硅质、磷酸盐质和硫化铁等。结核形状有球形、椭球形、透镜形或不规则团块状等；大小悬殊，其内部构造也很不一致。结核常在碎屑岩、黏土岩、碳酸盐岩中成单个或串珠状群体出现。

大会，大家竭尽所能地展现了自己的实力之后便一起金盆洗手、隐退江湖，从此不再有任何关于他们的消息，带给人一种世事变化无常的唏嘘。更令人好奇的是究竟是什么原因造成了超微化石如此巨大的变化？是沉积环境的变化还是构造运动的影响？这些都有待科学家们在航次后的研究中一步步解答。

3月24日

南海“大洋红层”的魅力

刘志飞 同济大学海洋与地球科学学院教授，从事海洋沉积学、古海洋与古环境研究。

刘志飞在南海“大洋红层”岩芯前

南海国际大洋发现计划367航次迄今最令人欣喜的发现之一就是“大洋红层”。这样的红色泥岩沉积层在第一个站位U1499首次出现在海底以下约800米深处，而在目前的第二个站位U1500首次则出现在海底以下约1200米位置，但这种略带棕红、纯度很高的泥岩层却是如出一辙，一眼看上去就是同样的东西，它们应该是南海地质演化历史同一时期的沉积产物，大洋红层的出现显示出这两个站位具有很好的地层对比性。

在U1500站位的钻探并不令人感觉愉快，因为从上至下钻探的取芯率一直很低，在红层出现之前120米的取芯率不到3%，船上科学家仅能根据获得的极少量砂岩和泥岩来判断岩芯性质，但实际上很难客观评估，因为97%左右的沉积岩芯都没有见到。大家与首席科学家和工程主管多次讨论如何提高取芯率，但收效甚微。9.7米长的取芯管，有时仅能取到10到20厘米长的岩芯碎片，大家在那几天都沉浸在谜团之中。

继续的钻探终于在距海底1200余米的深处，获得一管取芯率60%的芯岩，其后的取芯率不断提高，甚至达到100%的取芯率，这就是我们期待、却姗姗来迟的“大洋红层”。第二个站位红层的出现层位，比第一个站位整整深了400米！尽管如此，正如同红色预示着喜庆一样，大洋红层的出现顿时化解了船上科学家的“郁闷”心情——这说明我们的钻探距离航次的基底目标不远了。而且，红层的出现，还进一步证实南海在其演化早期的深海环境与现今截然不同。

U1500站位岩芯提取

2014年执行的南海IODP349航次，就在深海盆中部的3个站位首次发现“大洋红层”，那是位于大洋地壳玄武岩之上，被认为是开放型南海的远洋沉积，而现今南海深海仅沉积半远洋沉积。这两种深海沉积形成于完全不同的深海环境，远洋沉积是颗粒物自上而下缓慢沉降，沉积速度慢，通常每千年仅沉积几毫米；而半远洋沉积是颗粒物从陆向海的侧向搬运和沉降，沉积速度快，每千年沉积可达几厘米或几十厘米。大洋红层在这个航次钻探地层中出现，显示南海深海的沉积历史向前翻开了崭新的一页，让我们了解到距今1000多万年以前的远洋沉积环境，而红层消失之后的1000多万年以来，南海深海沿着自身地质历史发展的印迹前进，再也没有恢复到史前的远洋沉积环境。

在船上观察和描述“大洋红层”，是一件非常令人愉快的事。不但自己可以静静地仔细描述和研究，享受着曾经是“红色”的南海深海世界；而且还可与船上的同事分享红色的由来，就如同揭开南海深海地质历史的神秘面纱。仔细观察，可以看见近百米厚的红层并不是一成不变，颜色先由暗红变到浅红、再到微红，红层中还时不时地出现非常绿的层段，有些绿色星星点点散布在红色的沉积物中，如同红色舞台飘扬的绿色条带，而那些星星点又仿佛舞台上的芭蕾舞演员，让人想象出南海深海的缤纷世界。有些红层还含有大量微体化石，比如有孔虫和钙质超微化石，化石含量很高时，就将其命名为“白垩”，这是一种富含微体化石的远洋沉积形成的岩石，“白垩”通常是白色的，而在南海这里却是红色的。而且南海多数红层基本是不含化石的，却普遍发育很多**生物遗迹**，说明当时尽管是“红色”的深海环境，生命活动仍然十分活跃，给我们留下丰富的想象空间。

大洋红层的魅力无穷，作为南海深海演化非常独特的沉积产物，正在发挥其重要的科学价值。

• 知识小贴士

生物遗迹构造：又称痕迹化石或遗迹化石，是指由生物活动而在沉积物表面或内部形成的具有一定形态的各种痕迹，包括生物生存期间的运动、居住、觅食和摄食等行为遗留下的痕迹形成的化石。

侏罗纪时期甲壳类生物遗迹化石Ⓟ

4月6日
海上课堂(二)

李 丽 同济大学海洋与地球科学学院教授，从事有机地球化学研究。

在每天两班倒的工作中，时间都已模糊，若不是每次周五的邮件通知提交每周总结报告，今天是星期几似乎都淡忘了。不知不觉中我们在海上已经工作了快八周了，昨天（4月5日15点）我们回收了最后一个岩芯，这意味着IODP367航次已近尾声。在过去的近两个月时间里，我们在特别的海上课堂也获得了种种收获。

李丽（左一）与船上科学家合作扛岩芯◎

咫尺也是距离

若把南海浓缩在一张A4纸上，本次钻探的两个站位的距离不到1厘米，但实际钻探的深部沉积物不能用迥然不同来形容也可说是大相径庭。最明显的是，在本航次的第一个站位U1499，红色的泥岩有近170米，而邻近的U1500却不到80米，而且红层下面是60米厚的深青色泥岩，最令人意外的是在这层泥岩之下的砂岩里不仅发现有孔虫，而且数量、品种颇丰，年龄竟然在中中新世，而上覆的青色泥岩面的古生物化石年龄却早已到了早中新世-晚渐新世，虽然在故事里常现穿越时空，而在地质历史中却不可能，若是非原位沉积，那定是搬运或滑塌而来。这样一层厚厚的泥岩似乎说明早期南海张裂后动荡的沉积环境，后来才归于平静。而在随后，在玄武岩岩脉中发现的超微化石又把我们拉到了渐新世，这也造成了我们极大的困惑，或者此地发生过的沉积事件超乎我们的想象，或者我们对早期南海的认识还不够，无论如何生物化石

南海沉积物岩芯◎

不会说谎，沉积物也不会说谎，南海早期的神秘面纱还没有完全揭开，一切只待我们更多的航次后研究。

在U1499站位看到的令人费解的砾石层在U1500站位也没有出现，取而代之的是我们期盼的基底岩石。

主角的回归

还清楚记得在U1499站位岩芯刚上来还未打开之时，当大家透过塑料管看到有石头出现时的惊喜，但是当岩芯打开，经过岩石学家仔细地辨认后，最终确定是砂岩砾石，原先以为碰触到基底的喜悦随之减淡。所以当U1500站位在岩石上岸时，开始大家都以为还是砂岩，就连项目经理亚当也在他休息之前发的最后一封邮件中说“8.34 m of Massive Sandstone（厚达8.34米的块状砂岩）”。在午夜两班交接时，中国科学院广州地球化学研究所的黄小龙研究员经过细微地观察并在显微镜下看到斜长石的矿物构架时确认是玄武岩，不是砂岩。这表明这次我们是真正触摸到了基底岩石！那天晚上每个人都很兴奋，我赶紧将这个好消息告诉了我们小组的岩石学家迈克（之前的一次报告曾经自称“一个做了30多年岩石学工作的人来进行沉积学报告”），他拿着岩石学家的特别武器（放大镜）匆匆上楼了。我也用相机记录下了这特别的时刻。所有的岩石学家也从开始时自嘲“为沉积学家打杂”的配角回归到本航次应有的主角地位。25日中午交接会议时，当天的第一个报告，黄小龙为大家汇报了岩石学家对这些岩石的认识和证据时，得到了大家热烈的鼓掌。

岩石的述说

随后的这些天，钻探从沉积岩转向玄武岩，钻头在海底1000多米以下缓慢地艰难深入，而对我来说则是又碰到一个学习的好机会。通过在网上查阅资料以及迈克、刘志飞、黄小龙、钟立峰几位教授的现场教学指导，我从上船之前的“岩石盲”到现在也能跟上大家的英语讨论，不能不感谢这次特别的“海上课堂”。看着一根根或长或短的岩石，或有玻璃冷凝边或挤压断裂的边缘，似乎几千万年前一场场或大或小，或急或缓，规模、程度不同的滚滚熔岩流就展现在我们眼前；而或直或折或如树枝般盘错的岩脉，或宽或窄的岩晕，以及或红（红层沉积）或白（碳酸盐）或绿（蚀变物）的填充物，又仿佛在述说他们喷出后经历的沧桑。一直很佩服地学家的想象力，一把土、一粒沙、一颗石，都可以告诉你一个曾经的沧海桑田。

在显微镜下，用炫彩斑斓也不及形容岩石的**晶体结构**之美。转动镜头光源，明暗变化、长短不一的长方体形斜长石，由粉及绿、由黄到蓝、色彩多变，大大小小的辉石，偶然可见如蓝宝石般漂亮的橄榄石以及填充有不同物质的圆形气孔，还有如河流般的脉体空隙，特别是某个薄片中的大转弯，犹如外滩的黄浦江，右边错落的斜长石等

• 知识小贴士

晶体结构：晶体的微观结构，是指晶体中实际质点（原子、离子或分子）的具体排列情况。

船上岩芯钻取平台

矿物如上海陆家嘴的高楼般密密麻麻。这些美妙的景象让我不禁佩服大自然的神奇，一切的美都是独一无二。

U1500站位水下钻探深度达1529米，据统计是大洋钻探计划开始以来钻探深度的第七位。而第一位是位于东赤道太平洋哥斯达黎加海岭的504孔（水深3474米，水下钻探2111米），该站位从1983年开始历经8个航次的多次重复钻探研究。可见，虽然南海的钻探已经有3次，但还远远不够。南海地理位置特殊，处于几大板块交汇处，同时受到季节性转向季风、西太平洋暖池以及**厄尔尼诺**气候的影响，可以说是研究大

• 知识小贴士

厄尔尼诺：发生在太平洋的一种反常气候现象。在南美洲西海岸、南太平洋东部，自南向北流动着一股著名的秘鲁寒流，每年的11月至次年的

3月正是南半球的夏季，南半球海域水温普遍升高，向西流动的赤道暖流得到加强。此时，全球的气压带和风带向南移动，东北信风越过赤道受到南半球地转偏向力的作用，向左偏转成西北信风。西北信风不但削弱了秘鲁西海岸的离岸风——东南信风，使秘鲁寒流冷水上泛减弱甚至消失，而且吹拂着水温较高的赤道暖流南下，使秘鲁寒流的水温反常升高。这股悄然而至、不固定的洋流被称为“厄尔尼诺暖流”。（可参见22页“西太平洋暖池”知识小贴士）

• 知识小贴士

季风：由于大陆和海洋在一年之中增热和冷却程度不同，在大陆和海洋之间大范围的、风向随季节有规律改变的风，称为季风。形成季风最根本的原因，是地球表面性质不同，热力反映的差异。由海陆分布、大气环流、大陆地形等因素造成的，以一年为周期的大范围的冬夏季节盛行风向相反的现象。

陆破裂、**季风**气候演变的天然实验室，也注定了南海非比寻常的复杂。在特别的海上课堂，我们有对钻探的疑惑，也有新发现时的喜悦，既见证了变幻的沉积演绎，也触摸了早期张裂时的基底岩石。本次特别的海上课堂即将结束，而其他研究者的海上课堂才刚刚开始，南海的钻探还在继续，海洋的探索仍在前行。

第三部分

IODP368 航次

2017 年 4 月 9 日—6 月 11 日

4 月 25 日
IODP368 南海航次行记

丁巍伟 自然资源部第二海洋研究所研究员，从事大陆边缘动力学、构造地质学研究。

丁巍伟(左)工作中

自从4月14日离开香港，我每天总会在固定的时间站在“决心号”的前甲板，看着面前蔚蓝的南海，平静而美丽。但谁又能想象到，在这样的海面之下，南海经历了怎样波澜壮阔的构造运动：从“古南海”的消亡，到“新南海”的诞生；从华南陆缘的裂解，到洋盆的张开；从南部南沙地块与婆罗洲的碰撞，到东部菲律宾海板块向北西运动关闭了南海，很多故事背后的秘密，都需要通过国际大洋发现计划的南海钻探航次来揭示。

这是国际大洋发现计划第三次来南海了，前两次分别为1999年的针对南海季风研究的ODP184航次和2014年针对南海海盆扩张史的IODP349航次。而本次南海之旅投入更多，一共有两个航次(367和368航次)，历时4个多月，计划在南海从陆坡、海陆过渡带到海盆进行一系列的钻探，揭示南海陆缘裂解到海盆扩张过程中的一系列秘密。这也已经是我的第二个IODP南海航次了，两次均作为构造地质学家参加。尤其是368航次，作为全船唯一的一名构造地质学家，我将会对岩芯中的包括**不整合面**、断层、方解石脉等构造现象进行分析和解释，建立南海构造运动与沉积之间的联系。

“决心号”不仅是一条钻探船，更是一个流动的国际学校，船上有来自多个国家的33名科学家，既有名校的资深教授，也有在读的研究生，专业涵盖了沉积学、古生物学、古地磁、地球物理、构造地质、地球化学等几乎所有的专业。不同

• 知识小贴士

不整合面：如果一个地区沉积了一套岩层，之后又上升露出水面并遭受剥蚀，造成长时间的沉积间断，然后再次下降重新接受沉积，即在先后沉积的地层之间缺失了某一时期的地层，造成上、下地层时代的不连续，上、下地层之间的这种接触关系就被称为不整合接触。不整合接触的上、下地层之间隔着一个剥蚀面，这个面就叫不整合面。

不整合面

专业的科学家并非只是专注自身工作，每天的学科交叉及不定时的学术报告会让大家彼此了解成果和数据，并相互验证，开拓思路，从而能够讲述一个完整的故事。比如古生物组通过有孔虫、钙质超微化石等确定地层的时代，而古地磁组通过对比磁性年代表确定地层时代，两者需要经常沟通相互确认，保证地层定年的准确性。

“决心号”已经完成了第一个站位的钻探工作，首次在南海陆坡获取了完整的新生代沉积记录，而且很有可能已经钻遇了中生代基底。该站位不仅可以用于建立南海陆缘新生代完整而准确的地层构架，而且提供了不同时代沉积环境变化的信息，对于了解南海新生代的拉张事件、沉积环境的海陆变迁以及构造-季风之间的联合作用具有极其重要的科学意义。

目前,“决心号”正进行第二个站位的钻探工作,该站位将钻至洋陆过渡带的基底,如果成功,将解开南海究竟以何种方式破裂之谜。

JOIDES Resolution

JOIDES Resolution

5月5日
搜寻南海古环境变化的“蛛丝马迹”

钟广法 同济大学海洋与地球科学学院教授，从事地震、测井数据解释及应用研究。

静谧的南海深处，钻机轰鸣，大洋钻探368航次正紧张忙碌地进行着……

这是由我国科学家主导的南海第三次大洋钻探的下半场（上半场367航次已于今年2—4月顺利完成）。368航次进行得非常顺利，第一个站位U1501已于4月下旬提前一周成功完钻；正在进行中的第二个站位U1502也已执行过半，各项工作进展顺利。

钟广法在岩芯前

“决心号”上的钻机开足马力昼夜不停地向南海4000多米的海底深部钻进，岩芯被源源不断地从海底取出，送进船上的各个专业实验室。来自世界各地的科学家和技术人员，每12小时一班、夜以继日、24小时不间断地工作着……

这里没有星期天和节假日，也没有昼夜之分，科学家全天都待在船舱里，除了吃饭和睡觉，基本上都在工作。时间在这里仿佛已经凝固，唯有每天下午6点左右在舱外甲板上的晚餐小聚，深蓝的海水伴着漫天的落霞，才把我们重新拉回到现实中来，提醒着我们时间的流逝……

能够入选IODP368航次的船上科学家，无疑是幸运的。我在船上的身份是沉积学工作者，每天的工作职责是描述刚刚从海底取上来的、“新鲜出炉”的沉积物岩芯。借助于放大镜和显微镜（涂片分析），一层一层地详细观察和描述各种沉积

钟广法(左)与刘传联(右)讨论◎

物的岩性、颜色、结构、沉积构造、生物及遗迹化石等信息,并将这些信息实时地录入计算机中。然后,将这些信息汇总,解读蕴含其中的古海洋环境变迁故事,并记录在航次的站位总结报告中。这项工作看起来枯燥,实则有趣,恰如侦探破案和医生诊病。描述岩芯就像是侦探破案时需要收集足迹、指纹、头发丝、凶器等作案证据,然后将这些物证串起来形成证据链,锁定疑犯;又像是医生诊病需要通过望闻问切,和病人交流,了解症状,必要时辅以血常规等分析化验,对病人的病症作出快速而准确的诊断。可别小瞧我们岩芯描述这个工种哦,船上33位科学家中有11位从事这项工作,是科学家人数最多的工种之一,其重要性自不待言。

海底的沉积物用专用的钻井取芯筒(最大长度为9.5米、直径介于5.87至6.2厘米之间)取至甲板后,技术人员首先需要将岩芯分割成150厘米等长的段,并依次标记编号。然后将岩芯从中间剖开,分为两半,一半用于物理性质、古地磁及有机和无机地球化学等取样分析和测试,称为工作岩芯;另一半用于岩芯断面照相、无损物性扫描测试及岩芯描述,称为存档岩芯。航次结束后,存档岩芯将永久珍藏在**大洋钻探岩芯库**,供后人观察研究之用。

● 知识小贴士

大洋钻探岩芯库:大洋钻探50多年来获得岩芯总长度达40余万米,有专门的岩芯库来保存和管理这些岩芯,分别位于美国得克萨斯州农工大学、德国不莱梅大学和日本高知大学。所有这些岩芯以及船上获得的数据向全世界科学家免费开放。所有岩芯都按照严格的标准被储藏在冷库里,对于一般的研究,岩芯储存在4℃的温度即可,对于某些研究深部生物圈的岩芯,则需要储存在液氮或−80℃的冷库中。

• 知识小贴士

生物潜穴：指泥食或穴居的蠕虫、软体动物或其他无脊椎动物等留在沉积物中的管状洞穴痕迹，属于遗迹化石。

随着岩芯不断地被剖开，惊喜总是接连不断地呈现。红红绿绿的深海黏土层，浅灰色或灰白色的钙质软泥，棕褐色的有机质，粒度向上逐渐变细的砂质浊流沉积层，还有粉色的火山灰，形态各异的**生物潜穴**……这一切无不默默地向我们诉说着南海深处不平凡的往昔：时而和风细雨、风平浪静，生物繁盛；时而地动山摇、浊流滚滚或火山灰弥漫。这一切故事背后的导演，正是南海及周边区域的板块构造活动与全球古气候和海平面变化。

“决心号”的钻机在持续轰鸣，南海海底的岩芯仍源源不断地被取出，船上的科学家和技术人员一如既往地坚守着各自的工作岗位。南海沧桑巨变的大片正一幕幕地呈现在我们的眼前，我们期待着下一刻的惊喜……

5月15日

第二次"赶考"——参加IODP南海大洋钻探368侧记

李保华 中国科学院南京地质古生物研究所研究员，从事有孔虫地层及古海洋学研究。

IODP368航次古生物科学家团队与第一管岩芯头部样品合影
左上角为航次发现的首个浮游有孔虫标志性化石粉红色 *Globigerinoides ruber*

国际大洋发现计划各航次的科学家团队是一个包括沉积学、微体古生物学、岩石学、地球化学和古地磁学等多学科在内的国际科学家综合研究集体。在近两个月的航次考察钻探过程中，针对研究的主题、钻探的发现和研究，团队进行了充分的讨论与交流，使航次考察成为开拓视野、参与国际前沿海洋地质科学研究的重要途径。

在1998年中国正式加入国际大洋发现计划以前，虽然可以从国际大洋发现计划申请样品进行研究，但中国科学家想上船参加航次考察与航次研究几乎是不可能的。即使在中国参与国际大洋发现计划首个10年中，每个航次中国派出的科学家平均也只有一个。而且由于每个航次的研究主题不同，申请到与自己研究方向一致的航次也并非易事。

对于从事新生代古生物地层、古环境与古海洋学研究人员来说，能够有幸参加国际大洋发现计划航次考察及航次后研究，是非常令人羡慕的事情之一。因为经典的古海洋学研究来自大西洋，亲自参与大西洋考察并进行航次后研究，更如同宗教徒赴圣地朝拜一样。

我首次参加综合大洋钻探计划"地中海溢出流"航次大西洋考察（IODP339，

2011年11月—2012年1月）能够成行，属于偶然。当时有一名沉积学家临时缺席，才得以补充一名古生物学家，并安排参与底栖有孔虫研究。“有心栽花花不开，无心插柳柳成荫”，由于地中海溢出流的水团和沉积学特征，形成了一套特色的底栖有孔虫组合与演化过程，该航次提供了利用底栖有孔虫研究深部水团演化的机会，研究也从表层海水拓展到底层海水的古海洋学。

从1994年中德合作“太阳号”航次岩芯材料中的浮游有孔虫开始，我从事南海古海洋学研究，到1999年参加大洋钻探计划184航次后研究，以及2005年参加中法合作IMAGES147航次研究，这些国际合作舞台提供了参与南海古环境与古海洋学研究的途径。能够在西太平洋最大的边缘海——我国的南海参加国际合作IODP航次，是我多年的愿望，更是继续深入进行南海有孔虫生物地层学和古海洋学研究的重要机会。

为了更好地参与本次IODP368航次的生物地层学工作，尽管有过IODP航次考察的经验，以及南海浮游有孔虫生物地层学研究工作的积累，但对于新生代早期地层中的浮游有孔虫研究准备工作不敢有丝毫懈怠，我曾利用赴英国合作研究的机会，专门到伦敦自然历史博物馆进行了两个星期馆藏标本的学习，提前做好功课。

在船上，有人一点也不晕船，有人只在刚开始晕船，还有人一直晕船，我是属于一直晕船那种类型。只要一有风浪，反应就比较明显；风浪大时，坐着都要呕吐，更别提显微镜下看标本了。以前在西太平洋航次考察中，曾经在航行开始一周和结束一周均处于风浪中，非常难受。另外一位晕船更厉害的科学家，在50余天的航次考察结束后，人瘦了一大圈。此次IODP368航次，处于南海海况比较好的时期，基本上未曾影响到工作。生物地层工作进展顺利，目前本航次已经获得南海北部迄今为止原位取样中跨越时代最久、化石保存非常完好的沉积物岩芯材料。

IODP航次考察的最大优势在于其分析研究有充分的分工与合作，在考察船上，可以观察到第一手的沉积特征、原始岩芯的颜色与结构，这些详细的岩芯描述为未来深入研究的开展提供了基础保障。用于分析的每一块样品的原始**产状**、是否受到浊

• 知识小贴士

岩石产状：指即岩层的产出状态，由岩层的倾角、走向和倾向构成的其在空间产出的状态和方位的总称。

岩芯放置区◎

流的影响等，均可以追踪。

微体古生物学工作为钻探过程中目标层位的确定提供最关键信息。由于生物演化的独特性，生物地层就是沉积物的年代标尺。沉积物到底来自什么地质年代？以有孔虫和钙质超微化石两个门类为标配的IODP航次古生物学家，随时提供精确的生物地层学数据，以确定钻井层位和下一步工作。虽然同位素学地层和化学地层学等可以在航次后提供更详细的资料，但它们的作用在船上完全没法与古生物地层学相提并论。

科考船采用的原位全取芯技术提供了非常好的岩芯材料，但采样过程还是避免不了混样存在的可能性，在分析、处理时需要非常小心。多次国际大洋钻探考察航次的参与，让我们在微体古生物分析工作中更加重视原始第一手观测和采样，这些过程甚至影响到分析的结果。本航次中同样遇到这些问题。这些经验和教训，也提醒我们在微体古生物学及地球化学研究平时的工作中也要牢记不仅仅看“数据”结果，原材料的可靠、分析研究过程的严谨同样非常重要！

多年来中国派出数十名科学家参与从大西洋、印度洋到太平洋的IODP航次考察研究，在几次南海IODP航次考察中大量中国科学家的参与甚至主导，不仅为研究南海的演化、地层古生物与古海洋学研究贡献一份力量，更为我国海洋科学事业培养出一支不断成长和壮大的深海科学重要研究队伍。

为了“赶考”合格，我们一直在努力……

5月15日

穿越T60：见证东亚沧海桑田巨变

黄恩清　同济大学海洋与地球科学学院副教授，从事古海洋学、全球碳循环等研究。

黄恩清在“决心号”上的物理参数仪器前工作

接触南海深海沉积物已经超过10年，这却是我第一次随着大洋钻探船驶入南海深处。世界地图上的南海常常让人觉得小，但事实上它并不小。它的水域面积超过350万平方千米，南北跨越21个纬度，比我国陆地国土面积的三分之一还大。之所以看起来让人觉得小，一是因为它夹在广阔的欧亚大陆和浩瀚的太平洋之间，相比之下显得小；二是常用的地图投影方法，让真实的南海面积在平面图上打了折扣。这次亲临南海，没开多久，船下翻滚的已是幽蓝海水，周围水天一色，横无际涯，南海的泱泱大气扑面而来。

南海已经是有4次国际大洋钻探航次的研究海域。之所以热门，是因为南海深水区埋藏了东亚大陆和西太平洋地质地形和环境演化的远古奥秘。最近3个航次钻探的科学目标，就是要了解东亚大陆的一角如何破裂拉开，中间海域如何慢慢扩大以及怎样成长为南海今天格局的沧海桑田变迁过程。要解开这些谜题，钻取到洋盆的基底岩石最为关键。然而，由于毗邻大陆，数千万年来陆地河流向大海倾泻了巨量的沙泥，南海海盆上到处都覆盖着1—2千米厚的沉积物。要想获得地壳上的岩石，钻杆首先必须打穿这些沉积物，这给采样工作增加了难度。不过，巨厚沉积层是缺点的同时也是优点，因为沉积物本身就是记录南海历史的重要档案。作为一名海洋远古历史与环境演化方面的科研人员，我的工作就是利用各类技术方法，解读沉积物这本“天书”。这次登船，我心中最大的一个愿望，就是想亲眼目睹沉积体中鼎鼎大名的南海T60界面。

T60界面是一个**反射地震学**上的名词。站在水面上的人类，如何能够透过数千米深的海水，了解底下的沉积物厚度、分布以及沉积物下面的岩石位置呢？采用的方法之一就是向水下发射声波，再接收海底反射回来的信号。当上下两层沉积物性质存在明显差异时，反射回来的信号会明显增强。南海沉积体中大约存在八九个可以识别的反射层，T60就是其中最耀眼的一个。从地震剖面图上已经知道，我们航次第一个钻探点就会遇到T60界面。

我在船上的工作是测定沉积物的物理性质，包括它的密度、孔隙度、磁性、声速度、放射性等等。这是每根岩芯最基本的参数，也是每根岩芯上船后要经过的第一道处理工序，因此我们也是船上第一批接触岩芯的人。跟大家平时在陆地上看到的黑乎乎的泥巴不同，大洋深处的泥巴常常是白色的，这是因为远洋泥巴基本上都由

• 知识小贴士

反射地震学：研究由地下地质界面反射来的地震波的一门学科。

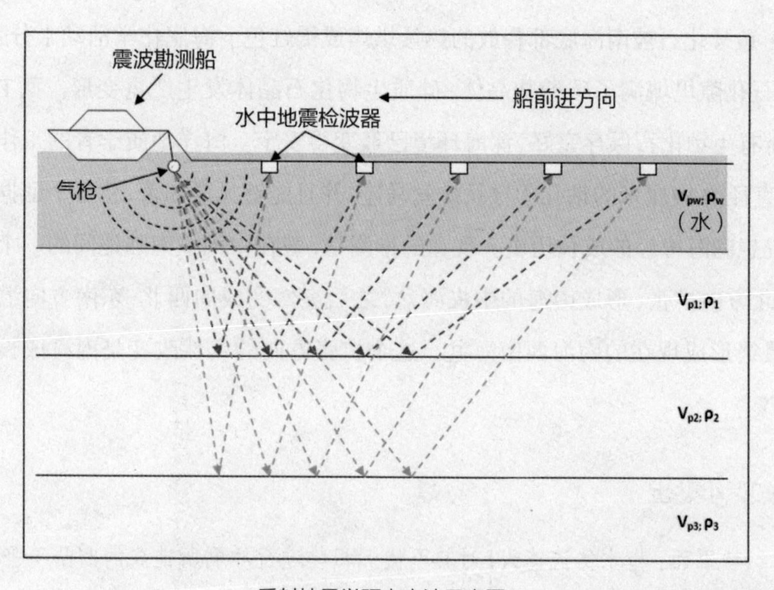

反射地震学研究方法示意图

生物的碳酸盐壳体构成，没有别的杂质。我们的站点位于半远洋地区，因此沉积物大约一半是陆地来的泥巴，另一半是海洋浮游生物化石，两者混合后经过成岩作用就呈现出多姿多彩的颜色。有时候是明亮的灰白色，有时候是柔和的棕黄色，更漂亮的是像汝窑的天青色。正当大家沉浸在这些深海沉积物时，电脑屏幕上突然出现了异常的测量值，几乎所有传感器都探测到岩芯的巨大变化：放射性上升！磁化率上升！声速度下降！密度下降！……之后把岩芯切割开来一看，果然沉积物的颜色一下子变得十分黯淡，灰黑色黏土占据主导地位，沉积物表面也不再容易直接看到大洋生物的化石。上下两层沉积物差异之大，明显是两个时空的东西硬生生拼接在一起。在中间接触地带，还出现了很明显的**冲刷面**和数颗异常粗大的暗青色结核。这说明海底环境一定经历过巨大变迁，导致下层沉积物被削掉一部分。不知过了多少岁月，等海洋环境焕然一新时，再沉积新的东西。几个小时后，当古生物专家告诉我们这个层位的年龄大约为2500万年时，我们才意识到，我们已经钻穿了海面之下3000余米深处的T60界面！

事实上我们并非第一批见证T60界面的人，距离我们站位上百千米的地方，1999年南海第一次大洋钻探时就已经发现类似的现象。那个站位经过数10年研究，发现在距今2800—2400万年之间的400万年岁月里，南海深处动荡不安，陆坡上部的沉积物不断崩塌，冲入陆坡中段和下段。T60界面之下的沉积物似乎经历了一个水深火热的过程：鱼牙化石被南海底部释放的热量烘烤成褐红色。海底化学活动十分强烈，有孔虫化石孔隙里填满了碳酸盐晶体，硅质生物化石晶体发生严重变形。而T60界面之上，所有生物化石保存完好，深海环境已经变得安宁。海洋地质学者的工作就是要在一个直径约10厘米的钻孔中寻找蛛丝马迹，并且能够见微知著，将各个证据串联在一起，推想南海曾经的成长历史。现在的推测是，曾在中国华南陆地间的一个深谷慢慢向南北方向扩张，形成南海的中央海盆，之后突然变成向西北-东南方向继续拉开扩大，最终形成现在的南海西南海盆。这个扩张方向的突然改变是南海成长历史中

• 知识小贴士

冲刷面：指水体流速大，对其下伏沉积物进行冲刷所造成的凹凸不平的沉积面，冲刷面的存在表明下部地层沉积后有过强烈的冲刷过程。

最重要的一件事，其线索和深远的影响就埋藏在T60界面中。

当然，T60界面的意义远不止于此。3000万年前中国大陆是东高西低，一江春水向西流的地理格局，之后才变成西高东低，大江大河全线贯通注入太平洋的现代场景。这种漫长转变过程的关键一幕就与南海T60界面存在紧密的联系。站在T60界面的沉积物面前，各类疯狂的念头不断从我脑海中闪过，让我享受着一个地质工作者在茫茫大海上探索地球奥秘的乐趣。

5月19日
来自“决心号”的祝福

刘　畅　美国路易斯安那州立大学，地质与地球物理系博士研究生。

明天是母校同济大学110周年华诞，作为一名同济人，此刻正和我的老师们奋战在南海深处的“决心号”上，我们为母校祝福，为母校自豪！

刘畅（右二）与同船工作人员讨论

已经在南海上待了一个月有余，除了每天12个小时描述岩芯的任务，剩下的时间就是和同船的科学家们聊天，讨论。作为一名同济人，能够在这个航次和翦知湣老师、刘传联老师和钟广法老师一起工作，并且常常聊起当年在海洋学院的往事，这无疑是繁重工作之余再好不过的放松。每当我们坐在同一张桌上吃饭，注视着这些当年曾经教授课程、传授知识的老师，许多年前的往事在我的脑海浮现。正值母校110年校庆之际，索性写篇杂文，回忆也好，勉励学弟学妹也好，加上一些我多年离开同济海洋但却有和同济老师有交集的故事，合在一起谈谈自己参加此次航次的感想。

作为一名同济大学海洋与地球科学学院本科毕业的学生，这次能够作为随船科考的成员，我的内心感到既兴奋又自豪。我还清楚地记得，在踏入同济大学校园的第一天，第一幅进入我视野，并且仍然记忆犹新的就是那张当年汪品先院士以及翦知湣教授在ODP184航次与其他各国科学家的合影。比起其他学院的宣传海报，那张十余人在“决心号”上的合影显得更加脱俗、洒脱。当年只有大一的我，做梦也没有想到会有今天这样的机会，能够登上这艘许多大科学家曾经工作过的国际科考船，也许这就是所谓的命运。我的本科专业海洋地质是一个只有数十人的小专业，

ODP184航次合影，前排右四为汪品先院士，第二排左二为翦知湣教授

当时还在沪西校区作为大一新生的我们，并没有太多的机会和系里的老师们交流。有不少同学在大一结束后“转投”其他专业，去追求一份更容易就业的出路。的确，比起有些专业，海洋学院在这个浮躁的社会和追求“立竿见影”的就业市场上并不是那么有优势。当时的我也曾经有过疑惑，并多少受到一些影响。但是如果时光能够倒流，我仍然会坚持自己当年的选择，在海洋学院完成我的学业。我这样说并不是因为我登上了梦想的科考船，而是因为海洋学院在我同济4年的时光中给了我无数宝贵的资源，开阔了我的眼界，而这些东西，会让我受用一生。毕业离开同济大学之后，我远赴美国完成我的硕士学位，并将马上拿到博士学位。同舟共济、自强不息的精神时刻影响并激励着我。当年在海洋学院积累的知识和各位老师的帮助，更是让我受益匪浅。我很想对此时此刻正在海洋学院完成学业的师弟师妹们说，一定要珍惜这4年的同济海洋学院的时光。如果你们以后打算投身海洋科学研究，海洋学院的师资力量和科研资源会对你们在今后的学业上给予很大的帮助。许多同济海

洋学院老师在做的研究工作是能够在科学层面上改变对这个世界的理解。希望你们能够利用在学校的时间参与老师们的研究工作，更早地在更高的层次上来看待一些科学上的问题。

除了对以往的一些回忆，对我触动更大的是祖国在海洋研究的投入和国内在硬件上取得的突飞猛进发展。两年前，我代表我的导师彼得·克利夫特教授参加了在同济大学举行的南海IODP349航次后科学会议。在会议结束后的实地考察中，由于我本科已经去过苏州的地质实习，所以我选择去参观新建成的同济大学海洋地质国家重点实验室临港基地。在听了赵玉龙老师两个小时的介绍后，对于海洋学院实验室的硬件设施，我惊呆了。记得那次我还是首次见到如此大体积的用于科学研究的蓄水池和几百米深的深海模拟井。而对于南海的研究就更不用说，在汪先生1999年完成了南海的第一次大洋钻探航次后，此次IODP368已经是第四个南海研究的大洋钻探航次。而更值得一提的是，2014年的IODP349航次，和这次的IODP367、368航次都是以中国为主的国际大洋发现计划CPP航次（所谓的CPP航次，就是由某一个国家

同济大学海洋地质国家重点实验室

支付航次的部分费用，作为回报能够派遣更多本国的科学家参加）。对于海洋研究的渴求和支持，中国在这方面的表现在世界上也是较为罕见的。所以对于在同济海洋学院求学的同学们，这是一个十分幸运的时代。随着更多航次的开展，会有很多科学上的问题等你们来解决，鉴于国内总体的形势，相应的研究经费也会十分充裕。对于一个科学家，好的科学问题加上充足的经费会给你们带来无限的科研上的满足和享受。同学们，加油吧！

既然说了这么多同济海洋学院的事，就不得不再写一段对于汪先生的记忆，上次见到汪先生是在去年冬天旧金山的美国地球物理学会年会上。记得南海的专题讲座是在会议最后一天的下午2点到5点，由于时差，很多参加的老师都在听取报告时打起了瞌睡，当时我坐在最后一排，看着前面的人头不断地上下移动，多少有点控制不住想笑的冲动。可是当我的目光移到最前排的汪先生的身上时，不由为之一震。汪先生手里不断地记录着每一位学者的报告。美国地球物理学会年会是国际会议，所有报告必须用英语完成，同时又总会有很多带着其他国家口音的科学家来参加。如果碰到一些英语不太好的科学家，他们的报告往往很难让我集中精力听下去。但是汪先生从始至终一直坐得笔直，不放过每一丝他感兴趣的信息。作为一名同济海洋学院的校友，每次见到汪先生，都有一种肃然起敬的感觉。虽然离开数年，但从汪先生对科学研究的态度上，让我感到时间从未流逝，他一直是那个分秒必争，和蔼可亲但却对科学锱铢必较的学者。

最后，祝同济大学110岁生日快乐！祝愿我的母校越办越好！祝海洋学院的学子们事业有成，能够将祖国的海洋科研事业发扬光大。该去睡觉了……明天12小时的岩芯描述又要开始了。

5月20日
"决心号"上的随笔

金海燕　同济大学海洋与地球科学学院副教授，从事古海洋学与微体古生物学研究。

五月的同济校园一定是阳光灿烂、热情而喧闹的。5月20日是同济大学的生日，今年更是与往年不同。百十华诞，110年的辉煌，足以令分布在世界各地的同济人热血沸腾。此刻，相信数十万同济人的心都已经回到那熟悉的校园，回到那曾经的青春岁月！

金海燕在显微镜前

我们，来自同济大学海洋与地球科学学院的5位教师连同2位校友，虽然正在南海深处参加国际大洋发现计划368航次，但此刻我们的心已经紧紧与"同济"连在一起。在茫茫大海上，我们只能遥遥北望、默默地祝福您：同济，我们的母亲，祝您生日快乐！

海上的景色很美，有日出东方、朝霞满天，也有月沉星移、海波跌宕。但是，此刻我们觉得还是您最美：操场旁的樱花大道、三好坞的绿荫、令人垂涎欲滴的大排、地道的刀削面、海洋楼的看家猫。这一切一切，此时显得多么亲切和让人怀念！这是家的感觉！我们还会操心研究生的实验是否顺利、离开之前交代和拜托给同事的工作是否有进展等等。

"决心号"船上的工作只分白班和晚班各12小时的两班倒，工作强度比陆地上要大得多。当班的12小时内，每个人都是连轴转、各司其职忙个不停。白班和晚班交接的时候会有工作人员来交代上一班的工作进展，每天有日汇报向首席科学家汇报所有工作组的成果，每周有周汇报汇总一周的所有工作，每完成一个钻孔或一个站位的时候会有钻孔总结或站位总结等。与此同时，还有应对各项意外情况出现而临时进行的小会议、与上一航次科学家连线的讨论会议、在中小学校开展海洋科普宣传而进行的连线直播等等。总之,船上的生活繁忙而充实,每个科学家依据各自的专业分组并承担相关工作,为了实现共同的科学目标而努力,各小组内有分工合作、小组间也需要互相配合。12小时工作以外的时间,除了吃饭睡觉,科学家们需要准备研究进展的撰写、各项数据的检查输入、处理与岸上的邮件往来等。特别是在研究过程中遇到问题和分歧,往往需要花费大量精力与其他人达成共识,这是大洋发现航次工作中非常重视并且一再重申的一点。因为虽然因分工不同而导致每个工作组取得的实验测试数据不同,但所有的数据和资料是船上科学家的共同劳动成果,必须保证提交的研究结果是船上所有科学家一致认同的。不可否认的是,高强度和快频率的工作节奏、与各国科学家的讨论交流、仪器实际操作中遇到的困难、分析解释钻探岩芯数据结果产生的分歧……诸如此类的事情使得我们在短时间内学到的知识比在岸上相同时间内学到的要丰富得多,而且还扩展了我们的专业知识领域。

刚登船离港的时候觉得两个月的科考航次时间很长,但现在只剩3个礼拜就要结束钻探工作返沪了,又觉得时间过得特别快。可能真的会像上一航次的科学家所说的那样:在岸上的时候无比想念在船上钻探取芯时齐心工作、繁忙的日日夜夜。今天是5月20日,我们7位同济人因科研需要无法在校园与其他师生一起庆祝同济110岁生日,只能希望我们在IODP368航次上的扎实工作和出色表现能给同济争光,也算是给学校的一份生日礼物吧!

附录

本书涉及地质年代及时间

代(界)	纪(系)	世(统)	距今时间(百万年)
新生代	第四纪	全新世	0.011 7
		更新世	2.58
	新近纪	上新世	5.333
		中新世	23.03
	古近纪	渐新世	33.9
		始新世	56.0
		古新世	66.0

代(界)	纪(系)	距今时间(百万年)
中生代	白垩纪	~ 145.0
	侏罗纪	201.3 ± 0.2
	三叠纪	251.902 ± 0.024

代(界)	纪(系)	距今时间(百万年)
古生代	二叠纪	298.9 ± 0.15
	石炭纪	358.9 ± 0.4
	泥盆纪	419.2 ± 3.2
	志留纪	443.8 ± 1.5
	奥陶纪	485.4 ± 1.9
	寒武纪	541.0 ± 1.0

数据来自国际地层委员会“国际年代地层表v2018/08”

国际大洋发现计划

国际大洋发现计划（International Ocean Discovery Program，IODP，2013—2023）及其前身综合大洋钻探计划（IODP，2003—2013）、大洋钻探计划（ODP，1985—2003）和深海钻探计划（DSDP，1968—1983），是地球科学历史上规模最大、影响最深的国际合作研究计划，旨在利用大洋钻探船或平台获取的海底沉积物和岩石样品及数据，探索地球的历史和系统动力学。目前，国际大洋发现计划依靠包括美国"决心号"、日本"地球号"和欧洲"特定任务平台"在内的三大钻探平台执行大洋钻探任务；年预算逾1.5亿美元，来自八大资助单位：美国国家科学基金会（NSF）、日本文部省（MEXT）、欧洲大洋钻探研究联盟（ECORD）（包括14国）、中国科技部（MOST）、韩国地球科学与矿产资源研究院（KIGAM）、澳大利亚-新西兰IODP共同体（ANZIC）、印度地球科学部（MoES）和巴西高等教育人员改善协调机构（CAPES）。

现阶段IODP的航次计划在以《照亮地球——过去、现在与未来》为题的科学计划的框架下提出，依据IODP《科学探测原则》指明的十一条原则实施。

IODP2013—2023的科学计划是为在气候变化、深海生物、地球动力学和地质灾害等方面进行跨学科研究而制定的，总体包括四大科学目标：理解海洋和大气的演变、揭示地球表层与地球内部的连接、探索海底下面的生物圈和生态环境、研究导致灾害的海底过程。

中国IODP简介

1998年，经国务院批准，我国以参与成员身份加入“大洋钻探计划”（简称ODP计划），开启了中国大洋钻探20多年的发展历程。2003年，大洋钻探计划结束后，我国继续以参与成员身份加入“综合大洋钻探计划”（简称IODP计划）。2004年，我国组建了中国IODP管理机构，成立由各相关部委组成的中国IODP委员会，组建中国IODP专家委员会和办公室，中国IODP的各项工作开始实现制度化。2013年，经习近平总书记亲自批准，我国加入“国际大洋发现计划”（简称新IODP计划）。2014年，我国组建了新一届的中国IODP管理机构，成立了由科技部、财政部、基金委、外交部、教育部、原国土资源部、原海洋局、中科院、中国海洋石油总公司等9个单位相关管理部门组成的中国IODP工作协调小组，成立了以丁仲礼院士为主任、由海洋领域知名专家组成的专家咨询委员会，依托同济大学成立了中国IODP办公室。

20多年来，随着综合国力的提升，我国对大洋钻探的投入不断增长。1998年至2003年，我国年度缴纳会费50万美元，2004年至2013年会费增加到每年100万美元，2014年至今为全额会员，每年缴纳会费300万美元。除了缴纳会费，我国还在2014年和2016年以匹配性项目的形式资助了IODP第349、367和368航次，投入经费共1800万美元。20多年来，先后有来自教育部、中科院、自然资源部等34家单位的130余位科学家参加了以南海和菲律宾海为重点的西太平洋以及大西洋、印度洋和南大洋等海区的60个大洋钻探航次，从早期的古海洋学拓展到大洋岩石圈和深海沉积学等新领域，从而与国际深海科学的各主要领域全面接轨。中国参与国际大洋发现计划突出的贡献在于组织领导国际科学家团队在南海成功实施的3个IODP航次，即2014年1—3月执行的IODP349航次和2017年2—6月执行的IODP367、368航次。3个航次在南海北部海域钻探12个站位，总进尺约12000米，总取芯4100多米，获得大量沉积物和玄武岩岩芯样品，为研究南海构造演化和大陆破裂过程等地球科学前沿问题提供了宝贵材料。

图 片 来 源

本书所使用图片均标注有与版权所有者或提供者对应的标记。全书图片来源标记如下：

Ⓟ 公共领域图片

◎ 其他图片来源：

P4, Septfontaine; P7, 刘传联；P9 李前裕图，刘传联；P9, 放射虫Ivan Ameida; P12, 刘志飞；P13, ESA; P14, Jo Weber; P15, 赵西西；P16张传伦图，刘传联；古菌Angels Tapias; P19, Bill Crawford, IODP/TAMU; P21, Par Wenkbrauwalbatros–Travail; P24, Zhen Sun & IODP; P25, Qfl247; P26, Hannes Grobe; P28, Bill Crawford, IODP/TAMU; P29, 汤昊鹏，东方卫视；P33, Cavit; P41, Bill Crawford, IODP/TAMU; P42, Lewis Hulbert; P43, Bill Crawford, IODP/TAMU; P46, 张传伦；P47有孔虫，Scott Fay, 放射虫Ivan Ameida; P52, Bill Crawford, IODP/TAMU; P44, Bill Crawford, IODP/TAMU; P53, Bill Crawford, IODP/TAMU; P55, Bill Crawford, IODP/TAMU; P56, 黄小龙；P58, William Crawford; P59左上岩芯，刘志飞；左下泥样，李春峰；夕阳，Peter Clift; P61, Hannes Grobe/AWI; P62, 刘传联；P63, Bill Crawford, IODP/TAMU); P64, Bill Crawford, IODP/TAMU); P66, 汤昊鹏，东方卫视；P68, Bill Crawford, IODP/TAMU; P79, William Crawford, IODP JRSO; P83, 有孔虫，Psammophile；讨论William Crawford, IODP JRSO; P84, William Crawford, IODP JRSO; P86, 苏翔；P87, 苏翔；P92, William Crawford, IODP JRSO; P93, 李丽；P94, Bob Aduddell, IODP JRSO; P100, Michael C. Rygel; P105, Tim Fulton, IODP JRSO; P109, William Crawford, IODP JRSO; P111, By Nwhit;

所有未做标记图片均由中国大洋发现计划办公室提供。

特别说明：若对本书中图片来源存疑，请与上海科技教育出版社联系。

JOIDES Resolution